高等职业教育校企合作新形态系列教材·学前教育专业

学前儿童健康教育活动设计与实施

主　审　龙宝新

主　编　余　玲　张　喆

副主编　宋明月　张秋悦　刘夏鸽

参　编　任江维　门亚玲　姚　鑫　祁　岩　王秀娟　李　博
　　　　李洋洋　徐小荣　闫　蓓　王　敏　郑　莉　陈琰瑾
　　　　张　华　王　琼　刘　倩　张雪娇　谭琳霞　金　凤

北京理工大学出版社
BEIJING INSTITUTE OF TECHNOLOGY PRESS

图书在版编目（CIP）数据

学前儿童健康教育活动设计与实施 / 余玲，张喆主编 . -- 北京 : 北京理工大学出版社，2022.7（2024.2 重印）

ISBN 978 - 7 - 5763 - 1504 - 2

Ⅰ . ①学… Ⅱ . ①余… ②张… Ⅲ . ①学前儿童 – 健康教育 – 教学设计 – 教材 Ⅳ . ① G613.3

中国版本图书馆 CIP 数据核字（2022）第 124955 号

责任编辑：申玉琴　　文案编辑：申玉琴
责任校对：周瑞红　　责任印制：施胜娟

出版发行 / 北京理工大学出版社有限责任公司
社　　址 / 北京市丰台区四合庄路 6 号
邮　　编 / 100070
电　　话 /（010）68914026（教材售后服务热线）
　　　　　（010）68944437（课件资源服务热线）
网　　址 / http : // www.bitpress.com.cn

版印次 / 2024 年 2 月第 1 版第 2 次印刷
印　　刷 / 定州市新华印刷有限公司
开　　本 / 787 mm × 1092 mm　1/16
印　　张 / 15.75
字　　数 / 325 千字
定　　价 / 55.00 元

前　言

学前儿童健康教育活动设计与实施是高职学前教育专业核心课程。本教材响应党的二十大报告中"落实立德树人根本任务"和"优化职业教育类型定位"的精神和要求，贯彻"双元"育人的教育理念，以理实有机融合、思政元素有效渗透、劳动教育有序开展为核心，深入探索"三教"改革，满足高职院校师范类学前教育专业的教学需要及幼儿园、教育机构培训需求。本教材紧扣"推进健康中国建设"理念，以学前儿童健康教育教学活动为主线，将活动分为主题和探寻任务，以任务为核心推动专业知识、能力、情感和职业素养的学习。本教材具有以下特点：

1. 培养职业能力，体现教学改革

教材以《教育部关于职业院校专业人才培养方案制定与实施工作的指导意见》（教职成〔2019〕13号）、《教育部关于印发<职业院校教材管理办法>的通知》（教职成〔2019〕3号）为指导，以《3~6岁儿童学习与发展指南》《幼儿园教师专业标准》《学前教育专业师范生教师职业能力标准（试行）》为依据，以课程为依托，全面落实产教融合、校企合作、工作室教学和教育信息化等方面的改革成果，以培养职业能力为主线，将行动导向、团队合作、互评自评、解决问题、创新能力的培养贯彻教材始终，充分适应教学做合一、任务驱动、案例教学和现场教学等"理实一体化"教学组织与实施形式。

2. 实践"做中学、学中做、做中教"教学模式

教材以"幼儿为本，师德为先，能力为重，终身学习"的设计思路进行开发，创设教育情境、任务环节和拓展知识内容，将"活动设计与实施、评价与反思、家园合作与沟通和自主学习与总结"作为教材的内容，将学前儿童健康领域的专业知识和技能点分解到活动任务中，便于运用"做中学、学中做、做中教"教学模式，实现教学做一体化教学理念。

3. 重构教学内容，凸显职业教育特点

教材以任务清单为驱动，强调园校合作，强调师生与生生互动，更加凸显专业能力训练，力求实现情境化教学。教材共分为五个主题：生活教育活动、身体健康教育活动、心理健康教育活动、体育教育活动和主题教育活动。依据《3~6岁儿童学习与发展指南》，各主题中选取典型任务进行探寻，学生通过完成探寻任务，提高学前儿童健

康教育活动中必要的职业素养、专业知识和技能，凸显职业教育特点。

4. 新形态教材，实现教育教学数字化

借助"互联网+教材"的优势，推进教育数字化。手机扫描教材二维码，即可获得在线课"学前儿童健康教育活动设计与实施"的数字资源，教师及时了解学生学习动态，学生交流分享学习收获。本教材便于学习者碎片化、个性化和即时学习，有助于教师借此创新教学方法，营造终身学习的教学环境。

5. 合作开发教材，实现协同育人

教材紧跟学前教育行业人才需求，对标《幼儿园教师专业标准》《幼儿园教育指导纲要（试行）》《幼儿园工作规程》，及时将学前教育行业发展的新理念、新方法和新规范纳入教材内容，反映幼儿园中主班、配班和保育岗位职业能力要求，并邀请幼儿园园长、名师、教学能手和骨干教师参与教材编写。编写团队深入调研幼儿园工作，许多活动案例和典型问题来源于幼儿园真实教育教学，丰富校内学习教学资源，贴合职业发展和行业需求，弥补了不能及时带学生入园实践的缺憾。

本教材由咸阳职业技术学院、长春师范高等专科学校、陕西省咸阳市秦都丝路花城幼儿园、陕西省咸阳市秦都澳丽贝尔高新幼儿园、陕西省西咸新区沣西新城第七幼儿园、陕西省咸阳市实验幼儿园、长春市人民政府机关第二幼儿园、吉林省省直机关第一幼儿园、长春市经开区嘉德幼儿园股份有限公司共同完成。龙宝新教授（陕西师范大学）担任主审，指导编写体例和内容；余玲（咸阳职业技术学院，负责编写主题一）、张喆（长春师范高等专科学校，负责编写主题二）担任主编；宋明月（长春师范高等专科学校，负责编写主题三）、张秋悦（咸阳职业技术学院，负责编写主题五）、刘夏鸽（咸阳职业技术学院，负责编写主题四）担任副主编。主题中教育插画和任务图标由宋明月老师设计完成。

在编写过程中，参阅和选用了国内外相关专家和学者在健康教育活动中的一些新理念和成果，在此深表感谢。编写团队老师、合作幼儿园各自发挥优势，精诚合作，共同努力，才保证了教材的顺利出版，在此感谢团队老师的努力、理解和鼓励。

由于编者水平有限，不足之处在所难免，恳请广大读者批评指正，以便我们在今后的修订和重印过程中及时修正。

编　者

"学前儿童健康教育活动设计与实施"
陕西省职业教育在线精品课程

学前儿童健康教育活动设计与实施

致谢名单（按照主次排序）

姚　瑶　　王　珏　　崔瑞洁　　贺　静　　雷　聪　　赵　茜

杨海侠　　高春芳　　郑　函　　陈青青　　窦　梦　　常　云　　安　珍　　田小春

韩婷羽　　何亚茸　　李　欢　　张思琦　　杨颖婷　　陈丹丹　　范阿青

靳娜娜　　王丽媛　　晁怡怡　　谢云云　　崔洋妮　　杨慧敏　　任佳雯　　梁　娇

雷　冉　　李子言　　史伊明　　康　佳　　张　晴　　巩　艺　　赵　茜

刘若琳　　张馨予　　季　俏　　赵鑫野

合作单位

陕西省咸阳市秦都丝路花城幼儿园

陕西省咸阳市秦都澳丽贝尔高新幼儿园

陕西省西咸新区沣西新城第七幼儿园

陕西省咸阳市实验幼儿园

长春市人民政府机关第二幼儿园

吉林省省直机关第一幼儿园

长春市经开区嘉德幼儿园股份有限公司

西安超星教育科技有限公司

西安肆两广告文化传播有限公司

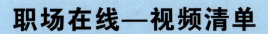

职场在线—视频清单

微视频		
序号	名称	主要内容
1	入园	师幼互动过程：看、问、摸等基本环节
2	离园	师幼互动过程
3	午休	午休前、中，午休后的活动过程
4	小班早餐	早餐环节
5	大班午点	午点环节
6	中班午餐	午餐环节
7	喝水	喝水环节
8	如厕	如厕讲解视频
9	家园共育	家长访谈：幼儿挑食怎么办？
10	家园共育	家长访谈：幼儿不午休怎么办？
11	家园共育	家长访谈：幼儿不参加区域活动怎么办？
12	安全教育	防触电安全演练
13	安全教育	防拐骗安全教育
14	安全教育	防震演练
15	安全教育	一日生活
16	安全教育	上下楼梯
17	安全教育	饮食安全
18	体检	体检片段
19	外伤	外伤情景
20	小豁牙	小豁牙来历
21	早操活动	早操活动
22	体育活动队列队形	小、中、大班体育活动队列队形
23	体育游戏	中、大班体育游戏
24	不同年龄幼儿体育游戏特点	小、中、大班体育游戏

课堂展示	
序号	名称
1	粉红豹睡觉（小班）
2	团结力量大（小班）
3	红灯停绿灯行（小班）
4	小苗口渴了（中班）
5	病毒不可怕（中班）
6	户外体育教学活动（中班）
7	快乐自助餐（大班）
8	二十四节气（大班）

请通过以下网址或扫描二维码了解教材更多信息并获取配套资源：

http://www.bitpress.com.cn/book/book_detail.php？id＝22657

目 录

主题一　生活教育活动 ··· 1

　　探寻一　进餐活动 ··· 3

　　探寻二　午休活动 ··· 15

　　探寻三　喝水活动 ··· 29

主题二　身体健康教育活动 ··· 47

　　探寻一　集体教育 ··· 49

　　探寻二　区域活动 ··· 62

　　探寻三　游戏活动 ··· 79

主题三　心理健康教育活动 ··· 98

　　探寻一　集体教育 ··· 100

　　探寻二　游戏活动 ··· 114

　　探寻三　区域活动 ··· 126

主题四　体育教育活动 ·· 143

　　探寻一　早操活动 ··· 145

　　探寻二　集体教育 ··· 164

　　探寻三　游戏活动 ··· 178

主题五　主题教育活动 ·· 197

　　探寻一　安全教育活动 ··· 199

　　探寻二　四季主题活动 ··· 216

　　探寻三　战疫主题活动 ··· 228

主要参考文献 ··· 241

主题一　生活教育活动

素质目标

1. 树立"幼儿为本"健康理念；
2. 增强幼儿教育职业责任感；
3. 培养家园合作共育意识。

知识目标

1. 理解幼儿生活教育的概念；
2. 认识幼儿生活教育的价值；
3. 了解影响幼儿生活能力发展的因素。

技能目标

1. 能够观察和评价幼儿生活能力发展状况；
2. 能够有序组织幼儿一日生活；
3. 能够解决幼儿一日生活常见问题。

教育漫话

阳光幼儿园进门处张贴着"来园五件事"，每天入园晨检、问候、换鞋、整理衣物，将晨检健康牌插到自己的位置……这些看似简单的生活常规内容，对于幼儿而言，却要付出极大努力，达到一定发展水平才能做到。如何解读学前儿童生活自理行为及其原因，有效地提供支持，成为学前儿童健康教育的重要内容。

学前阶段是儿童生活自理能力快速发展的关键期，然而这一能力的获得是一个漫长的过程，作为教育者应"以幼儿为本"，尊重幼儿身心发展的规律，保教结合，以实现"自然发展，和谐发展，充实发展"的目的。

学前儿童生活教育主要是培养幼儿的日常生活自理能力，包括自我意识的形成和日常生活自理能力的全面提高；感受自己的成长，树立自立意识；养成自己做事的好习惯，积累自理生活的经验，提升自理能力。这种能力亦是个体适应社会的重要组成部分，教育者应积极引导支持和观察，让幼儿在被保护、呵护的过程中学会独立、自主和自我保护，实现学前儿童自我服务和服务他人的目标。

古希腊哲学家柏拉图说："好的目标是成功的一半。"

同学们，当你打开这本书的时候，我们将一同开启一次学习之旅——学前儿童健康教育活动设计与实施。

请结合你的感知，即所看、所闻、所思和所想……说一说，写一写，画一画，议一议对本课程学习的期望。

提醒：可以自己独立完成，从专业素养、专业知识和专业能力等方面描述，也可以画出你的学习愿望。

探寻一 进餐活动
——学前儿童饮食教育活动

【活动情境】

阳光幼儿园午餐时间到了，橙子老师和夏夏老师把小（2）班的饭菜领回来，开始分餐。今天的午餐有炒柿子椒这道菜，橙子老师把盛好的米饭和菜放到亮亮的碗里，亮亮就大叫起来："橙子老师，我不吃柿子椒！"话音刚落，他就飞快地把自己碗里的柿子椒倒进了旁边一个小朋友的碗里。橙子老师见此情形没说话，只是在他的碗里又盛了一点儿柿子椒，并走到他跟前一边喂他一边说："你尝尝幼儿园阿姨做的柿子椒，味道好极了。"亮亮想了想，张开嘴吃了一口就要往外吐，还说："柿子椒是苦的、辣的。"橙子老师连忙说："别吐出来，让柿子椒在你的肚子里转一圈儿。柿子椒不苦也不辣，特别好吃，你看，其他小朋友都爱吃，有的小朋友还吃了两盘柿子椒呢！你把这一点儿柿子椒吃了就是好孩子。"亮亮听了橙子老师的话，张大嘴巴大口吃了起来。可是吃到一半他就怎么也吃不下去了，嘴里不停地嚼着，头都快到低到桌子底下去了，眼睛在找垃圾桶……

【活动目标】

引导幼儿不偏食、不挑食，喜欢吃瓜果、蔬菜等新鲜食品。

【活动要求】

请根据活动情境，借助网络和在线课程教学资源，团队合作完成以下任务：

1. 了解幼儿挑食的特点和原因；
2. 设计合理的教育活动方案；
3. 制定引导幼儿不偏食、挑食的教育策略。

【活动实施】

任务一　幼儿挑食的特点和原因

序号	幼儿挑食表现	生理原因	心理原因	家庭原因	其他原因

任务二　教育活动方案

要求：各小组完成任务后，选取本组代表展示教育活动方案，时间在 30 分钟以内。

活动名称		
年龄阶段		活动时间	

活动目标	认知目标	
	技能目标	
	情感目标	

活动重、难点	
活动准备	
活动过程	
活动延伸	

任务三　引导幼儿不偏食、挑食的教育策略

序号	教育途径	教育策略	
1	生活活动	小班：	
		中班：	
		大班：	
2	游戏活动	小班：	
		中班：	
		大班：	
3	区域活动	小班：	
		中班：	
		大班：	
4	家园合作		

教育策略：教育内容、方法和途径。

【活动总结】 组内自评

小组成员：_____　　　　　日期：_____年_____月_____日

序号	活动内容	评价效果		
1	目标明确			
2	活动准备			
3	任务分工			
4	活动设计			
5	活动完成			

注：以教育活动设计评价指标（详见二维码）进行评价。评分档次统一采用 A（优秀）、B（良好）、C（合格）、D（努力）。

【活动点评】

序号	评价内容	自我评价	组间评价	教师评价	综合评价
1	规范操作				
2	完成质量				
3	完成速度				
4	参与主动				
5	沟通协作				
6	展示汇报				

注：以教育活动展示评价指标（详见二维码）进行评价。评分档次统一采用 A（优秀）、B（良好）、C（合格）、D（努力）。

教育活动设计评价指标

教育活动展示评价指标

【活动反思】

通过上述活动任务，反思以下内容：

1. 你学到了哪些知识或技能？需要具备哪些职业素养？

2. 试一试绘制本次活动设计的知识网络图。

阳光幼儿园一日生活安排表（春夏季）

时间	环节
8:00—8:15	入园接待
8:15—9:00	户外晨练/室内晨练
9:00—9:10	生活活动：盥洗、营养点心
9:10—9:40	集体教育活动
9:40—10:25	区域游戏/主题活动
10:25—10:55	户外活动/专职活动
10:55—11:05	餐前准备
11:05—11:40	生活活动：午餐
11:40—12:00	生活活动：健康散步
12:00—14:30	健康午睡
14:30—14:50	生活活动：起床、盥洗
14:50—15:20	午间锻炼：器械操、体育游戏
15:20—15:35	生活活动：美味下午茶
15:35—16:10	自选活动/主题活动
16:10—	离园

阳光幼儿园一日生活安排表（秋冬季）

时间	环节
8:00—8:15	入园接待/营养点心
8:15—9:00	区域游戏
9:00—9:30	集体教育活动
9:30—10:25	户外晨练/室内晨练
10:25—10:55	户外活动/专职活动/主题活动
10:55—11:05	餐前准备
11:05—11:40	生活活动：午餐
11:40—12:00	生活活动：健康散步
12:00—14:30	健康午睡
14:30—14:50	生活活动：起床、盥洗
14:50—15:20	午间锻炼：器械操、体育游戏
15:20—15:35	生活活动：美味下午茶
15:35—16:10	自选活动/主题活动
16:10—	离园

1. 比较生活安排表，梳理一日生活有哪些内容？两表之间的区别是什么？

2. 结合以上生活表，小班、中班和大班在哪些内容上要重点培养？为什么？

_____

_____

_____

_____

_____

_____

_____

【基础知识】

一、学前儿童健康教育的目标及要求

《幼儿园教育指导纲要（试行）》（以下简称《纲要》）明确指出，学前儿童健康教育的目标是：①身体健康，在集体生活中情绪安定、愉快；②生活、卫生习惯良好，有基本的生活自理能力；③知道必要的安全保健常识，学习保护自己；④喜欢参加体育活动，动作协调、灵活。

《3~6岁儿童学习与发展指南》（以下简称《指南》）将幼儿在健康领域中的学习与发展划分为"身心状况""动作发展""生活习惯与生活能力"三方面内容。

"身心状况"包括幼儿身体和心理两方面的发展状况，这是正确健康观念的重要体现。其中，根据幼儿体态发育、情绪表现和适应能力三个维度提出了幼儿阶段需要学习和发展的具体目标，集中表现为幼儿在身体形态、机能和心理发展的基本状况。

"动作发展"包括身体大肌肉动作和手部小肌肉动作的发展目标。幼儿的动作发展是身体机能发展状况的重要表现，同时也与幼儿心理的发展具有内在联系。幼儿期是身体动作发展的重要时期。幼儿身体动作的发展是适应社会生活必备的基本能力。

"生活习惯与生活能力"包括与幼儿健康成长密切关联的生活习惯、卫生习惯、生活自理能力和安全生活的能力。良好的生活与卫生习惯是维护和促进幼儿自身健康的重要保证，幼儿阶段正是良好行为和习惯养成的重要时期。幼儿需要从学习生活开始，为今后的独立生活打下基础，生活自理能力和安全生活能力也是幼儿适应社会生活必备的重要能力。

二、学前儿童生活教育内涵

陈鹤琴先生认为："儿童离不开生活，生活离不开健康教育；儿童的生活是丰富多彩的，健康教育也应把握时机。"学前儿童健康教育的出发点与归宿是培养学前儿童的健康行为（即养成健康的生活方式），学前儿童健康教育的主要内容涉及学前儿童生活的全部范畴。因此，学前儿童健康教育是生活教育，应当在盥洗、进餐、睡眠、整理、游戏、锻炼等日常生活的每一环节渗透健康教育理念，实施健康教育策略；要充分认识到仅仅依靠传统意义上的健康教学活动是无法真正达成学前儿童健康教育的目标的，要积极探寻日常生活中的学前儿童健康教育的特点和规律。

学前儿童生活教育实质是培养学前儿童生活自理能力，即在日常中照料自己的行为能力，即自我服务、自己照顾自己，这是一个人应该具备的最基本的生活技能。

1963年，Katz首先提出生活自理能力这一概念。生活自理能力被分成两个部分：日常生活自理能力和独立生活自理能力，前者主要是指洗澡、进餐、洗漱、穿衣、上下床、上厕所、控制排便等；后者主要是指对于独立生活非常重要的能力，包括基本交流技能（例如使用电话）、使用交通工具、做饭、家务、理财、交通、购物等内容。

生活能力影响因素的结构是多层次的，个体自然属性（年龄、性别等）、社会经济状况、生活习惯、患病或损伤状况及所处的生活环境都是影响生活能力的重要因素。

三、学前儿童生活教育的目标

学前儿童生活教育的对象是学前儿童，其涉及的领域主要是学前儿童的健康发展。学前儿童生活健康教育的目标必须遵循学前儿童教育的总目标和学前儿童健康教育的总目标。《纲要》与《指南》为学前儿童生活健康教育的目标提供了依据。

学前儿童生活健康教育总目标分为两个维度，即生活习惯与生活能力。生活习惯主要表现为"具有良好的生活与卫生习惯"，生活能力主要表现为"具有基本的生活自理能力"。学前儿童生活健康教育的总目标具体见表 1-1-1 和表 1-1-2。

表 1-1-1　目标 1：具有良好的生活与卫生习惯

3~4 岁	4~5 岁	5~6 岁
1. 在提醒下，按时睡觉和起床，并能坚持午睡； 2. 喜欢参加体育活动； 3. 在引导下，不偏食、挑食，喜欢吃瓜果、蔬菜等新鲜食品； 4. 愿意饮用白开水，不贪喝饮料； 5. 不用脏手揉眼睛，连续看电视等不超过 15 分钟； 6. 在提醒下，每天早晚刷牙，饭前便后洗手	1. 每天按时睡觉和起床，并能坚持午睡； 2. 喜欢参加体育活动； 3. 不偏食、挑食，不暴饮暴食，喜欢吃瓜果、蔬菜等新鲜食品； 4. 常喝白开水，不贪喝饮料； 5. 知道保护眼睛，不在光线过强或过弱的地方看书，连续看电视等不超过 20 分钟； 6. 每天早晚刷牙，饭前便后洗手，方法基本正确	1. 养成每天按时睡觉和起床的习惯； 2. 能主动参加体育活动； 3. 吃东西时细嚼慢咽； 4. 主动饮用白开水，不贪喝饮料； 5. 主动保护眼睛，不在光线过强或过弱的地方看书，连续看电视等不超过 30 分钟； 6. 每天早晚主动刷牙，饭前便后主动洗手，方法正确

表 1-1-2　目标 2：具有基本的生活自理能力

3~4 岁	4~5 岁	5~6 岁
1. 在帮助下能穿脱衣服或鞋袜； 2. 能将玩具和图书放回原处	1. 能自己穿脱衣服、鞋袜，扣纽扣； 2. 能整理自己的物品	1. 能根据冷热增减衣服； 2. 会自己系鞋带； 3. 能按类别整理好自己的物品

【知识链接】

学前儿童生活教育
的主要内容

学前儿童生活
教育的原则

小班幼儿一日
生活安全事宜

小组讨论后，完成以下任务。

小组成员：_____

时间：_____年_____月_____日

主要内容	安全隐患	安全内容	教育措施
进餐			
盥洗			
喝水			
午休			
如厕			
整理			

结合活动情境"亮亮挑食",小组讨论后完成以下任务。

家园共育	
沟通对象	爸爸（　　）、妈妈（　　）、爷爷（　　）、奶奶（　　）、姥爷（　　）、姥姥（　　）、其他抚养者（　　）
沟通时间	入园（　　）、离园（　　）、周一至周五（　　）、周末（　　）、随机（　　）
沟通次数	一周（　　）次，两周（　　）次，一月（　　）次，随机（　　）次
沟通形式	短信（　　）、电话（　　）、面谈（　　）、家访（　　）
沟通内容 （表现、原因 和策略）	
预期目的	

思考：家园沟通过程中需要注意什么？

_____

_____

_____

_____

_____

_____

典型案例　　　　儿歌　　　　活动案例

【名人逸事】

中国幼教之父——陈鹤琴

1. 观察儿子 808 天

1919 年，陈鹤琴获得哥伦比亚大学硕士学位和教师资格证书，回国后在南京高等师范学校任教。不久，他和未婚妻俞雅琴结婚。1920 年 12 月 26 日，长子陈一鸣出生了。

陈鹤琴频频为儿子拍照，然后在本子上记下儿子出生后的每一个表现：

出生后 2 秒，开始大哭，延续 10 分钟，以后间接地哭，45 分钟后哭声停止；连续打 6 次呵欠，渐渐入睡；10 个小时后，儿子撒了人生第一泡尿……

虽然是寒冷的冬天，但他心中却如春天般温暖、幸福。他知道，自己将和婴儿一起，完成一项具有里程碑意义的实验。他把儿子当作观察对象，深入观察了 808 天，用文字和照片详细记载下来，作为研究儿童心理学的材料。

在这个实验中，家庭便是实验室；母亲和妻子便是助手；儿子便是工作对象和实验中心。他把 808 天的观察和实验结果分类记载，积累了 10 多本文字和照片，然后把这些记录和研究心得编成讲义，开始在大学讲授"儿童心理学"，有时候，他还会把活泼可爱的儿子抱入课堂做示范。

陈鹤琴通过亲身经历、观察和实验，归纳了儿童心理特点，而且提出了 101 条教育原则。

他主张：家庭教育必须根据儿童身心发展的规律；想要教育好儿童，先要学会做父母。他还指出：幼稚期（0~7 岁）是人生一个十分重要的时期，习惯、语言、技能、思想、态度、情绪均在此阶段打下基础，如果基础打得不牢，那儿童健全的人格便无法形成。父母的责任十分重要，父母不但应以身作则、言传身教，而且要为儿童打造良好的生活环境，如阅读环境、游戏环境、劳动环境、艺术环境和科学环境等。

2. 创办第一所幼师学校

1940 年年初，49 岁的陈鹤琴应江西省教育厅厅长程伯庐之邀去江西办学，2 月 20 日抵达江西泰和。该年夏天，陈鹤琴在江西泰和县上田乡新池严家村松林茂密的后龙山上，创建了我国第一所幼稚师范学校，学校没有大门和围墙，只在两棵松树间横了一个牌子，上面写着"江西省立实验幼稚师范学校"（简称"江西省立幼师"），字下面画了一头红色的小狮子。

陈鹤琴经常对学生说，幼师就如同一头觉醒的"小狮子"。他自封为"老狮子"，在这个荒山野岭，他和师生们一起劳动，一起教学。

在学生的印象中，他就是那个穿着工装裤、白衬衫，满脸红光，精神抖擞的老顽童，总是带着大家又唱又做。

该校地处玉华山麓，建校前是一块荒地，荆棘丛生，杂草遍地。陈鹤琴校长带领100 多名师生，亲自动手披荆斩棘，整地铲草，手上磨起了血泡，也不叫苦，不离工地。陈校长的苦干精神带动了其他教职员工和新生，他们一起艰苦奋斗，造房整地。

校舍建在山脚下，没有河流经过，只在山下 300 多米处有一个大水塘，挑一担水需往返一里多地。远水难解近渴，也没有自来水。陈校长发动师生找水，结果在半山腰发现一块地面湿润，露出渗水。陈校长就带学生去挖，越挖越深，渗流越来越大。挖至一米多深处，有两条蛇从山洞中游出。在场的同学要打死它，陈校长说不能打，这是两条龙，而后就称这股泉水为"双龙泉"。功夫不负有心人，挖至两米深处，泉流涌出。后来，砖砌满四周。此泉时刻有水外溢，够 100 多人饮用。陈校长说，这是劳动创造的不花钱的天然自来水。

到炎热的夏天，同学们就到山下大水塘里洗澡，它又成了天然澡盆。抗战时期，同学们对这种艰苦生活，毫无怨言。

（摘自搜狐网，山香教育）

【教育箴言】

儿童离不开生活，生活离不开健康教育；儿童的生活是丰富多彩的，健康教育也应把握时机。

——陈鹤琴

以下为自选任务，同学们根据自己的学习情况进行练习。

1. 认真学习教育部颁布的《指南》，尝试概况幼儿健康教育领域的要点。

2. 以"基于《指南》的健康教育解读"为主题，撰写一份家长会演讲稿，年龄段自选，字数不限。

探寻二　午休活动

【活动情境】

阳光幼儿园中班的果果每天精力都很旺盛，到了午休时间还不肯休息。小朋友们都睡得香香的，只有果果始终不睡，在床上他的小手总是忙个不停，身子也总翻来覆去，使床发出"吱吱吱"的响声；一会儿又东看看西瞧瞧，似乎在寻找床周围有什么好玩的东西；一会儿拉拉旁边小朋友的被子，时不时还能听到周围小朋友打小报告"老师，他动我……"；一会儿又要上厕所。只要是值午睡的时候春艳老师总是很费神。而没有午休的果果在下午的集体活动中精力明显跟不上……

又到了午休时间，桃子老师留下来想看看果果会做什么，结果发现这个小家伙又在床脚里抠东西，桃子老师走过去轻声地说："你怎么还不睡？睡觉的小朋友才聪明，快睡吧。"他"乖巧"地点点头，闭上眼睛。过了几分钟，只见他又翻来覆去，嘴里时不时还故意发出声音，桃子老师又走到他身旁低声说："你乖乖躺着，我们先从不打扰别人开始，做得好了，老师就奖励你贴贴好不好？"他笑眯眯地点点头……

【活动目标】

引导4~5岁幼儿每天按时睡觉和起床，并能坚持午睡。

【活动要求】

请根据活动情境，借助网络和在线课程教学资源，团队合作完成以下任务：

1. 了解幼儿不良睡觉行为的表现和原因；
2. 设计合理的教育活动方案；
3. 制定引导幼儿坚持午休的教育策略。

【活动实施】

任务一　幼儿不良睡觉行为的表现和原因

序号	幼儿不良睡觉行为	生理原因	心理原因	家庭原因	其他原因

任务二　教育活动方案

要求：各小组完成任务后，选取本组代表展示教育活动方案，时间30分钟以内。

活动名称				
年龄阶段		活动时间		
活动目标	认知目标			
	技能目标			
	情感目标			
活动重、难点				
活动准备				
活动过程				
活动延伸				

任务三　引导幼儿坚持午睡的教育策略

序号	教育途径	教育策略	
1	生活活动	小班：	
		中班：	
		大班：	
2	游戏活动	小班：	
		中班：	
		大班：	
3	区域活动	小班：	
		中班：	
		大班：	
4	家园合作		

教育策略：教育内容、方法和途径。

【活动总结】 组内自评

小组成员：_____   日期：_____年_____月_____日

序号	活动内容	评价效果		
1	目标明确			
2	活动准备			
3	任务分工			
4	活动设计			
5	活动完成			

注：以教育活动设计评价指标（详见二维码）进行评价。评分档次统一采用 A（优秀）、B（良好）、C（合格）、D（努力）。

【活动点评】

序号	评价内容	自我评价	组间评价	教师评价	综合评价
1	规范操作				
2	完成质量				
3	完成速度				
4	参与主动				
5	沟通协作				
6	展示汇报				

注：以教育活动展示评价指标（详见二维码）进行评价。评分档次统一采用 A（优秀）、B（良好）、C（合格）、D（努力）。

教育活动设计评价指标

教育活动展示评价指标

【活动反思】

通过上述活动任务，反思以下内容：

1. 你学到了哪些知识或技能？需要具备哪些职业素养？

2. 试一试绘制本次活动设计的知识网络图。

做中学

【活动案例】

阳光幼儿园中（1）班的乐乐是个聪明可爱、帅气十足的男孩，长得白白净净，特别是他那一双水汪汪的大眼睛，十分惹人怜爱。平日里他喜欢观察事物，对新鲜事物充满好奇。在老师眼里，他是个懂事听话的好孩子。但是，有一点老师总是跟他说不通，那就是每天午睡时，他都要拿着那块洗得褪了色且边上磨得发毛的小夹被。来园一年多了，乐乐始终如此，悦悦老师使用各种方法试图说服他，都无济于事。有一天早餐，奶奶不小心忘了给他带夹被，乐乐一脸不高兴，噘着嘴，吵闹不已，非要奶奶回家取，悦悦老师怎么劝也不行。最后，乐乐硬是哭着和奶奶一起回家取来夹被才算了事。

【活动任务】

小组讨论，完成以下任务：

1. 乐乐为什么午睡依赖夹被，有何后果呢？
2. 以幼儿健康为出发点，如何引导乐乐对夹被不再依赖？

【基础知识】

一、学前儿童生活教育的意义

著名教育家陈鹤琴先生提出"凡是儿童自己能做的，应当让他自己做"。蒙台梭利将日常生活教育作为课程的主要内容。但是，相对于"智力投资"而言，当前人们对于学前儿童生活能力的价值挖掘还远远不够，在对学前儿童生活自理的保育、教育方面普遍存在"研究少、不关注""高控制"等现象，由此导致学前儿童"生活不能自理、独立意识不强、劳动观念差"等问题比较突出，这些都会影响学前儿童的健康发展。因此，教育者需从学前儿童健康教育的意义出发进行思考，挖掘生活自理能力潜在的、独特的教育价值。

（一）学前儿童生活教育是学前儿童健康发展的基础和前提

学前儿童生活教育重视对学前儿童生活能力和生活、卫生习惯的培养，使良好习惯逐渐成为长期的行为方式，着力奠定学前儿童一生健康的基础，同时促进学前儿童生活、学习、工作的有序性和条理性。

生活教育与健康生活方式密切相关。我国学者顾荣芳提出有助于学前儿童健康的生活方式，主要包含八个方面：保持个人清洁；规律生活；平衡膳食、按时就餐；锻炼身体；注意安全；配合健康检查；适度表达情绪；关心环境卫生。这些内容既属于保育范畴，也是生活自理教育的重要方面。随着社会的发展和物质生活水平的提高，学前儿童所享受的物质条件可以说是空前优越，随之而来的溺爱、娇生惯养、包办代替等现象也越来越严重，导致学前儿童生活自理能力普遍较差，不能很好地适应新环境，对其成长造成不良影响。

（二）学前儿童生活教育有助于培养学前儿童的独立性、自信心和责任感

会生活、能自理是独立生存、学习和创造的基础与前提，有助于促进学前儿童心理发展。日常生活自理能力的培养有助于满足学前儿童不断增长的独立要求，摆脱对成人的过度依赖。在此过程中，应培养学前儿童的责任感、自信心、勇于面对困难、克服困难的良好的个性品质。当学前儿童具有自理能力之后，其独立做事的情形就会越来越多，能力就越来越强，对自己独立完成某件事就会越来越有信心。让学前儿童懂得自己的事情自己做，在增强学前儿童的信心、提高学前儿童能力的同时，也培养了学前儿童勇于面对困难、敢于克服困难，努力争取成功的动力和意志，还有助于提高学前儿童的抗挫能力、独立做事的责任感，使学前儿童养成做事有始有终的好习惯。

（三）学前儿童生活教育有助于学前儿童动作协调性的发展

意大利教育家蒙台梭利指出，动作教育是日常生活练习的课程之一，其主要目的是培养学前儿童的自我管理能力与责任感，使其养成良好的生活习惯。学前儿童每学一个动作、能力，其大小肌肉群、动作协调性都将得到相应的发展。生活自理中的一系列动作有利于动作技能的发展和脑的发育。董奇、陶沙等研究发现，中国儿童使用筷子的技能，不仅有助于手部小肌肉的控制能力，而且有助于幼儿多感知运动结合，根据所操作物体属性来调整手形、改变着力点以完成任务。

二、学前儿童生活能力的发展特点

生活能力的发展是一个漫长的过程，不同阶段表现出不同的特点。对教育工作者和家长来说，理解学前儿童生活自理能力的发展的模式，或者一些关键的、重要的发展指标内容，有助于判断学前儿童的身心发展状况，提供有效的支持和引导。

（一）生活能力的发展整体上随着年龄增长而逐渐提高，但也存在个体差异

随着年龄的增长，学前儿童生活能力发展也逐步提升，并且在完成的速度和质量方面日益提高。宋文霞、王翠霞通过研究提出，幼儿在进餐、喝水、穿脱衣服等方面的自理能力发展规律，亦是随年龄的增长而发展，小班能力较弱，中班能力提升显著，中大班之间日趋接近（见表1-2-1）。

表 1-2-1　小、中、大班幼儿生活自理能力水平分级

班级 自理内容	小班	中、大、班
进餐	独立进餐有困难。有的幼儿坐着不动，等待教师来喂；有的不会拿小勺；有的饭含在嘴里不会咀嚼；有的不会吃带皮的食物	能够做到安静进餐、细嚼慢咽，使用勺进食，大部分大班幼儿能够掌握用筷进食的技能。餐后收拾整理等习惯尚未形成
喝水	使用口杯喝水有困难。接水时往往出现手忙脚乱；口杯拿不稳，时常不小心将口杯掉在地上；口杯对不准水龙头，将水洒在地上；水接得太多、过满。有的幼儿不会用口杯喝水	已经能够熟练掌握喝水流程和要求，但是主动喝水意识淡薄，不能根据自己身体的状况调整喝水量，健康意识较差
穿脱衣服	在穿衣服和鞋袜时经常会穿反，秋冬季节脱套头毛衣等比较厚重的衣服时也明显感到困难	已经能够比较熟练地穿脱衣服，但是系鞋带还存在一定的困难
整理物品	整理意识比较薄弱，经常忘记整理，整理物品速度较慢，不会分类整理	整理物品速度提高很快，基本能够做到归类整理，偶尔也容易丢三落四

（二）学前儿童对生活能力态度积极，但行动上表现出力不从心

随着自我意识的发展，学前儿童自主意识增强，愿意去尝试、探索新的事物和能力，因此，学前儿童对掌握生活能力的积极性主动性大大提高。但因做不好而放弃的现象也时有发生，原因主要是未能掌握正确的自理方法或者精细动作能力有限。例如，小班幼儿经常出现洗手弄湿衣袖和地面，洗手不彻底、不干净等现象，这主要是因为小班幼儿尚未掌握正确的洗手流程和方法；中、大班幼儿系鞋带时双手协调不够或方法不对，经常系不紧。

（三）学前儿童生活教育中初步具有任务意识，但坚持性不够，容易忘记部分任务

学前儿童生活自理能力发展常常存在有始无终、记不住或者记不清任务等现象。以餐前洗手为例，学前儿童容易忘记洗手而直接吃饭，忘了搓肥皂（洗手液），有些部位忘了洗等。究其缘由既有幼儿在习惯养成中的倦怠情绪、任务意识差等，也有幼儿记忆空间的局限性。

（四）学前儿童生活能力的发展遵循"依赖他人—自理—为他人服务"的发展路径

随着学前儿童生活经验的日益丰富、生活能力逐步提升，学前儿童从依赖成人的呵护和照料逐渐发展到能够初步自理，进而发展到为他人（集体）服务。

一般来说，3 岁以下的幼儿，依赖成人的帮助逐步学会自我服务；4 岁以后的幼儿，初步学会了自我服务技能，体验到自我价值，他们已经初步具备了从生理和心理上为他人服务的条件，具备了积极为他人（幼儿园集体或家庭）服务的热情和努力。他们喜欢参与成人的劳动，在家里会扫地、擦桌子、整理自己的物品，在幼儿园承担值日、动物喂养和自然角种植等劳动，初步理解一些为他人服务的社会意义，认知和能力从个人责任逐渐跨越到社会责任。

【**知识链接**】

学前儿童生活教育的途径

学前儿童生活教育的注意事项

任务一：结合本小组设计午睡的集体教育活动为蓝本，讨论并完成以下任务。

活动名称		
小组成员		
活动流程	安全教育内容	安全教育方法
设计思路		
活动目标		
活动准备		
活动过程		
活动延伸		

注：参考教育活动设计评价指标。评分档次统一采用 A（优秀）、B（良好）、C（合格）、D（努力）。

任务二：各小组完成任务后，进行交流分享，教师和小组间进行评价。

序号	评价内容	自我评价	组间评价	教师评价	综合评价
1	目标明确				
2	思路清晰				
3	表达流畅				
4	积极主动				
5	展示汇报				

注：参考教育活动展示评价指标。评分档次统一采用 A（优秀）、B（良好）、C（合格）、D（努力）。

【案例】

夏夏老师正在分饭，可明明已经困得坚持不住了，他的头一个劲儿地往下沉，连手里的勺子也拿不住了。"明明，坚持，坚持! 吃完饭马上去睡好不好?"夏夏老师一边轻轻摇着他一边说。可是，夏夏老师的话一点儿用处都没有，明明已经头靠在老师的肩膀上睡着了。夏夏老师只好把他抱到床上，让他睡下。

结合上面的案例，小组讨论如何与家长沟通，实现家园共育。

家园共育	
沟通对象	爸爸（　　）、妈妈（　　）、爷爷（　　）、奶奶（　　）、姥爷（　　）、姥姥（　　）、其他抚养者（　　）
沟通时间	入园（　　）、离园（　　）、周一至周五（　　）、周末（　　）、随机（　　）
沟通次数	一周（　　）次，两周（　　）次，一月（　　）次，随机（　　）次
沟通形式	短信（　　）、电话（　　）、面谈（　　）、家访（　　）
沟通内容 （表现、原因 和策略）	
预期目的	

典型案例　　　　　　儿歌　　　　　　活动案例

【名人逸事】

陈鹤琴的教育故事：教小孩服从

陈鹤琴说：小孩子必须要有服从的习惯。这习惯应由父母慢慢地训练起来。有了服从的习惯，可以适应社会的生活。

那么，怎样教小孩子服从呢？

镜头一： 有一天天气很冷，一鸣却不愿意穿大衣，陈鹤琴就指着邻居小朋友对他说："你要像青儿穿得一样好看。"一鸣依然不肯。陈鹤琴想了想又对他说："我替你穿衣服，好了，你就像一个将军了。"因为一鸣很喜欢看兵和学兵，尤其喜欢学做将军，听了这话以后，他就顺从地穿了。陈鹤琴马上称赞了他。

陈鹤琴说，生活中常见父母用命令式的语气对孩子说："快去睡觉！""快来吃饭！"命令既出，就得服从，如果孩子不服从，就难收回成命了，进而只能强迫。如果顺从孩子，则孩子这次不服从，下次就更加不服从了。所以让孩子学会服从，应当尽量少用命令式的语气。

镜头二： 有一天吃饭前，一鸣要吃糖。陈鹤琴曾有过规定，所以不允许他吃，他就"嗯嗯"地叫起来，陈鹤琴不去管他，径自走到旁边去了。祖母被一鸣缠不过，就去拿了一颗糖给他。陈鹤琴见了立刻阻止，一鸣没有糖吃就躺在地上大哭。这时大人们都没有去理他，后来他无法可施，只得擦干眼泪从地上爬起来了。

陈鹤琴说，父母教小孩子服从，态度要前后一致，不管小孩子怎样央求、哭泣、喧嚷，也不可允许他的不合理要求。自然，小孩若有真正不服从的理由，当然可通融。倘若父母因为孩子的哭闹哀求而改变态度，依从了孩子，孩子就会以此为要挟、为惯技了。

另外，父母（成人）训练孩子，要取同一主张，采取一致的行为，否则会使孩子无所适从，或是趁机钻空子、不服从。

镜头三：一天早晨，一鸣在床上乱跳，和他的小妹妹瞎吵瞎闹。陈鹤琴见他们快要闯祸了，就对他们说："你们要听《西游记》吗？"他们一听见爸爸要讲故事，立刻就不吵了。

陈鹤琴说，他们之所以要吵闹，是因为没有好玩的事情做，假如只叫他们不要吵，不要闹，恐怕是不可能的，如果强迫他们不许吵闹，小孩子一定感觉痛苦。这种时候，不如先用代替的方法，使他们乐于服从，然后再告诉他们规则。

镜头四：吃饭的时间到了，一鸣和妹妹正在搭积木，玩得很起劲，陈鹤琴走到跟前，笑眯眯地称赞了几句，然后说："我们要吃饭了，我再给你们5分钟，你们快点玩，玩好就把积木放回原处。"说毕就走开了。兄妹俩赶快把桥搭好，而且把积木安置原处，然后一起跑进饭厅去吃饭了。

陈鹤琴说，小孩子在游戏工作时，如果骤然命令其停止，往往难以服从，就是成人也常常不肯遽而舍弃有趣的游戏或将成的事情，何况是孩子呢？在这种情况下，如果事先有所提醒，他们便能有准备地服从。

他说，小孩子有时不服从，要考查原因。比如有时父母说的话，孩子没有听懂，父母必须重说一遍或做个样子给他看，他才服从。有时小孩子要问为什么，父母要解释给他听，让他知道道理，他才更愿意服从。有的孩子记忆力差，忘记了父母要求做的事，也不能责怪其不服从。所以小孩子听不听话，也是由父母能不能明白孩子的心理、体贴孩子的意思而定的。

陈鹤琴还提出，训练小孩子服从，要好好地诱导他，不可以用威胁的方法，如打骂、恐吓等，强迫他服从。威胁的方法只能收效一时，不能持久，并且还会产生副作用，使他对于不应该做的事情也怕起来。此外，更不可能用溺爱的方法，来得到小孩的服从。小孩子要什么，不管应当不应当，随便就依了他；小孩子不肯服从，不管对不对，就由了他；这样的孩子，长大了会变成一个任性的人，难成大事，难以适应社会，实为父母害了孩子。

最后，我们再来重复一下陈鹤琴提出的几点方法：

（1）少用命令式的语气。

（2）态度要先后一致。

（3）父母要同一主张。

（4）要考查不服从的原因。

（5）要诱导，不要极端的权威。

（6）要有原则，不要溺爱纵容。

让我们成为孩子的朋友，而不是统治者。采用适当的态度和方法，将原则建立在爱和合理的基础上。这样，你我就能成功地教育孩子按要求去做，懂得服从和合作。

学前儿童健康教育活动设计与实施

【教育箴言】

人类的动作十之八九是习惯，而这种习惯又大部分是在幼年养成的。习惯养得好，终身受其福；习惯养不好，则终身受其害。

——陈鹤琴

以下为自选任务，同学们根据自己的学习情况进行练习。

1. 回忆并复述学前儿童健康教育目标制定的原则和要点。

2. 查找并列举一种现代幼儿的"健康威胁"，围绕该主题设计一次健康教育活动，并说明其由来，年龄阶段不限。

探寻三 喝水活动

【活动情境】

点点今年 5 岁了，是阳光幼儿园大（1）班的学生，也是个安静的小姑娘，话不多，却总能最先明白老师的意思。在幼儿园的一天中，点点最喜欢区域活动了，可以跟好朋友一起嬉戏玩耍……

今天区域活动时间，点点选择的是美工区，她很喜欢为娃娃设计小礼服。过了一会儿，月亮老师提醒大家去喝水。听见老师的召唤，很多小朋友都去排队接水喝，但是点点没有去，她仍然拿着彩笔在为她美丽的"作品"上色。完成"作品"后，她又找来月亮老师、好朋友星星一起欣赏。月亮老师告诉她，娃娃的小礼服非常漂亮，可是现在娃娃渴了，让点点陪着娃娃一起去喝水。于是，点点很高兴地去拿小水杯。

【活动目标】

引导幼儿主动饮用白开水，不贪喝饮料。

【活动要求】

请根据活动情境，借助网络和在线课程教学资源，团队合作完成以下任务：

1. 了解幼儿喝水的特点和原因；
2. 设计喝水的教育活动方案；
3. 制定引导幼儿饮用白开水，不贪喝饮料的教育策略。

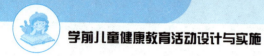

【活动实施】

任务一　幼儿喝水的特点和原因

序号	幼儿喝水表现	生理原因	心理原因	家庭原因	其他原因

任务二　教育活动方案

要求：各小组完成任务后，选取本组代表展示教育活动方案，时间30分钟以内。

活动名称		
年龄阶段		活动时间
活动目标	认知目标	
	技能目标	
	情感目标	
活动重、难点		
活动准备		
活动过程		
活动延伸		

任务三　引导幼儿饮用白开水，不贪喝饮料的教育策略

序号	教育途径	教育策略
1	生活活动	小班：
		中班：
		大班：
2	游戏活动	小班：
		中班：
		大班：
3	区域活动	小班：
		中班：
		大班：
4	家园合作	

教育策略：教育内容、方法和途径。

【活动总结】 组内自评

小组成员：_____   时间：___年___月___日

序号	活动内容	评价效果		
1	目标明确			
2	活动准备			
3	任务分工			
4	活动设计			
5	活动完成			

注：以教育活动设计评价指标（详见二维码）进行评价。评分档次统一采用 A（优秀）、B（良好）、C（合格）、D（努力）。

【活动点评】

序号	评价内容	自我评价	组间评价	教师评价	综合评价
1	规范操作				
2	完成质量				
3	完成速度				
4	参与主动				
5	沟通协作				
6	展示汇报				

注：以教育活动展示评价指标（详见二维码）进行评价。评分档次统一采用 A（优秀）、B（良好）、C（合格）、D（努力）。

教育活动设计评价指标

教育活动展示评价指标

【活动反思】

通过上述活动任务，反思以下内容：

1. 你学到了哪些知识或技能？需要具备哪些职业素养？

2. 试一试绘制本次活动设计的知识网络图。

八大类的区域创设

区域类别	主要内容
生活劳动区	包括动作技能训练，如抓、推、转、倒、挤、夹、敲、剪等；生活自理能力训练，如穿脱衣服、整理衣物、梳头、系鞋带、洗手帕；照顾环境能力训练，比如折叠餐巾、分碗筷、切水果、刨瓜皮、浇花等
语言区	包括耳听录音手操作、合作猜谜、故事表演、剪贴废旧图书自编故事、跟"磁带教师"讲故事、下语言棋（如表情棋，幼儿每下到画有笑脸这一步即可说"妈妈笑了，因为今天是她的生日"）、卡片找朋友（字画配对）等
科学区	1. 数学区：有按数取物、几何形状、按规律排序、实物与数配对、看图自编应用题、数学棋、找单数双数游戏、试题套圈、测量工具等。 2. 科学探索区：如电池为什么发光、沉与浮、玩磁铁、各种筛子、放大镜、斜坡实验、沙漏、天平、会变的颜色等
美工区	包括泥工、纸工（折、剪、撕、贴、玩）、绘画、涂鸦、废旧物品制作、纸形、涂色添画等
文化区	包括各地民俗风情、服饰与语言、交通工具、人种与肤色、四大洲五大洋、不同的国旗、环保与卫生等，可结合主题丰富和变化内容
建构区	有拼图、插雪花片、大型积木、插塑、托班的堆高游戏、智力拼板、七巧板、主题公园等
装扮区	有娃娃家、表演区、音乐区、其他角色区（如超市、小商店、美容院）等
大运动区	包括玩球、投篮、走大鞋、高跷、平衡、钻爬、垫上运动、跳绳、自制体育用具活动、自组游戏等。

（摘自：郑健成，《学前教育学》（第二版），复旦大学出版社，2019 年）

结合以上区域活动创设内容，思考并讨论完成以下任务：

1. 以上区域活动是否合适？需要修改什么，为什么？

_____

_____

_____

_____

_____

_____

_____

2. 给你一个幼儿园大班活动区域，小组合作完成区域规划图，之后进行组间交流分享。

班级		人数		日期	
设计师					
思考与建议					

【基础知识】

一、区域活动的内涵

区域活动是指教师根据幼儿兴趣和教育目标，合理规划幼儿园室内空间，将其划分成学习空间和游戏空间。教师引导幼儿自主选择，开展自由的操作、游戏和交往活动，以获得自主的学习和发展。

二、区域活动的理念

现阶段幼儿园倡导区域活动，并不是因为赶时髦、追赶幼教潮流，也不是为了做给别人看或者体现幼儿园的特色，而是因为区域活动中强调的幼儿自由选择和自主活动符合现阶段幼教发展的几个基本理念。

(一) "以幼儿为本" 的教育理念

在区域活动时，幼儿可以根据自己的兴趣和需要，进入自己喜欢的区域，和小伙伴一起开展自己选择的活动。所以，区域活动这样的低结构课程模式可以满足幼儿个体的需要和兴趣，更好地促进幼儿富有个性地发展。为了实现这一教育意图，教师可以通过区域活动目标、制订计划，创设适宜的活动条件，并在活动过程中影响幼儿的行为，激发幼儿对周围环境的兴趣，积极实践、操作探索，促进幼儿全面和谐地发展。

(二) "发展幼儿主体性" 的教育理念

伴随着时代的发展，人们对教育日趋重视，关注人的独立性、自主性、创造性、持续性的发展要求越来越高，越来越强调个人终身学习和成长的主观能动性。维果斯基的"最近发展区"理论也是区域活动的重要理论依据。区域活动是幼儿在最近发展区里的活动，能为每个幼儿提供发展潜能的机会，让他们在活动中超越最近原有的水平，获得新的知识、技能和情感。而这也符合我国著名教育家孔子所说的"因材施教"。

(三) "操作中学习" 的教育理念

受年龄段认知特点和发展规律的影响，3~6岁的幼儿不可能单纯依靠听讲进行学习，单一授课方式不符合幼儿的学习特点。区域活动的凸显特点是在环境中投放了大量的玩具和材料，幼儿通过操作材料、与伙伴互动，在感知、体验、操作、交往、表征等实践活动中进行学习，这种学习具有强烈的行动学习和主动学习的色彩，能满足幼儿探索的需要，从而形成乐于探索的品质，培养幼儿的创新意识和创新能力。

三、区域活动的特点

区域活动最重要的创造能鼓励幼儿自由选择、大胆操作、大胆探索环境。相对于其他教育形式，区域活动有以下特点：

（一）自选活动内容

区域活动多为幼儿的自选活动，教师的直接干预较少。幼儿按照自己的兴趣和能力进行活动，满足了幼儿的个别化需要。区域活动打破了传统集体授课形式，让幼儿通过操作材料、与伙伴互动，从而获得发展。区域活动大多是自选游戏，能给幼儿提供更多的活动机会，无须受到"自己要与集体同步"的约束，能够使幼儿在轻松、愉快、自愿的状态下活动与游戏。

（二）自主性活动

自主性是个人成长中最重要的品质之一，包括独立性和主动性。2岁左右的幼儿进入人生的第一个反抗期，这也是自主性萌发的具体体现。但是由于现在家庭中独生子女居多，许多家长忽视了这一自主性的萌芽时期。中国家长"事事包办"的教育理念，不仅从婴幼儿期事事帮忙，直到童年、青少年，甚至成年都要样样代做。当今幼儿在生活上依赖父母，在学习上依赖教师，难以从生活、学习中获得自信，失去独立思考、自主活动的能力。针对这种现状，幼儿教师尤其要重视对幼儿自主性的培养。在区域活动中幼儿对内容的自主和过程的自主，有助于幼儿自信心和独立性的培养。

（三）小组和个体活动

区域活动中幼儿可以进行个体活动，但在一个小的区域里幼儿更容易自然形成一个小组，有时也会是幼儿间约定好一起去而形成天然的小组，所以区域活动更多是小组活动。这就为幼儿提供了更自然的自由交往和自我表现的机会，增进了同伴之间的相互了解和理解、认可和支持，从而有利于培养幼儿自身认知、情感、技能和个性，也有利于培养幼儿尊重、合作、分享、交流、竞争等意识和品质。

四、区域活动的功能

倡导区域活动，符合当今幼儿教育理念，也符合《纲要》《指南》里指出的幼儿发展目标，有助于幼儿多方面的自主发展：

（1）区域活动有助于幼儿自我意识和良好个性的发展。

（2）区域活动有助于幼儿良好情绪情感的发展。

（3）区域活动有助于幼儿自己发现问题和解决问题的能力的发展。

（4）区域活动有助于幼儿学习品质和意志品质的发展。

(5) 区域活动有助于激发幼儿学习兴趣。

在不同的区域中，幼儿通过操作不同的材料会获得不同的"关键经验"，下面用表 1-3-1 举例说明。

表 1-3-1　积木区的教育功能分析

一级功能	二级功能	具体分析
认知发展	认识基本形状； 学习分类、排序； 形成数概念； 感知比例关系； 比较大小、多少、长短、厚薄； 发展空间想象力； 获得平衡、对称、重心等概念	积木均为最基本的几何形状，具有高度的可塑性和无限的组合性，幼儿在组合和排列积木的时候，往往会获得这些认知
情感、社会性发展	培养专注力； 学习协调、沟通等人际交往技能； 获得合作、分享经验； 学习解决纠纷和冲突； 体验创造与成功的喜悦； 发展美感	搭建积木往往需要同伴之间的交往和合作。当幼儿将一块积木放在不同的位置时，就会获得新的意义，这样幼儿的求异思维和创造性潜能会得到充分的发挥
动作技能发展	手眼协调的能力； 大肌肉和小肌肉动作发展	大中型积木发展幼儿的大肌肉，小型积木或插塑会发展幼儿的小肌肉

(摘自：郑健成，《学前教育学》(第二版)，复旦大学出版社，2019 年)

【知识链接】

区域活动的设计

区域活动的设置要求

区域活动的材料投放

区域活动的实施

小组讨论后完成以下任务。

活动区	安全隐患	安全内容	教育措施
生活劳动区			
语言区			
科学区			
美工区			

活动区	安全隐患	安全内容	教育措施
文化区			
建构区			
装扮区/娃娃家			
大运动区			

任务一：通过教育见习完成幼儿园区域活动观察记录表。

区域名称		时间		对象		观察者	
班　级		观察目的					
观察过程							
材料运用及游戏技能							
想象与创造							
规则遵守							
社会参与水平与同伴合作							
活动持续情况							
幼儿活动的分析与反思							

任务二： 结合你所观察的某幼儿在区域活动的表现，拟定家园共育沟通内容。

家园共育	
沟通对象	爸爸（　　）、妈妈（　　）、爷爷（　　）、奶奶（　　）、姥爷（　　）、姥姥（　　）、其他抚养者（　　）
沟通时间	入园（　　）、离园（　　）、周一至周五（　　）、周末（　　）、随机（　　）
沟通次数	一周（　　）次，两周（　　）次，一月（　　）次，随机（　　）次
沟通形式	短信（　　）、电话（　　）、面谈（　　）、家访（　　）
沟通内容 （表现、原因 和策略）	
预期目的	

典型案例　　　　　儿歌　　　　　活动案例

【名人逸事】

陈鹤琴家教故事

1. 做父母的最好只有"一只手"

一鸣一岁半以后，要自己吃饭了。开始他汤匙拿得不稳，饭菜装得不好，掉在身上、桌上弄得一塌糊涂。还让不让他自己吃呢？陈鹤琴想，自己动手，自己吃饭，可以得到肌肉运动的快感，嘴巴也尝得到滋味，即使做得不好，也是必经的步骤。于是，陈鹤琴给他大号的盘子和弯柄的勺，给他系好围兜，耐心地教他，渐渐地，一鸣就吃得比较好了。到了两岁半，陈鹤琴又教他慢慢用起筷子来。

在平时的活动中也是这样。一鸣两岁多的时候，已经能够非常熟练地用小锤子把钉子一根根敲进木板里，然后拔出来再敲进去，这样玩上大半天。三岁多的时候，他能够用剪刀准确地剪出图案，用小喷壶浇花也很在行……这些都是做的结果。

陈鹤琴说："一切活动，凡是儿童能够自己做的，都要让他自己做。做了就与事物发生直接的接触，就能得着直接的经验，就知道做事的困难，就认识事物的性质。""做事的兴趣，愈做愈浓，做事的能力愈做愈强。"他还常常风趣地说："做父母的最好只有'一只手'！"因为"父母的责任是帮助孩子生活，是帮助孩子自立，是帮助孩子做人"。

"孩子要自己做，自己生活，自己从做中得到快乐，从做中获得各种知识，学习各种技能。做是孩子的权利。"

2. 这样可以吃饭了吗？

有一天吃晚饭的时候，碗筷还没有放好，一鸣就在饭厅里等着准备吃饭了。陈鹤琴看见了就对他说："我们不是现在要吃饭吗？"

"是的。"一鸣点头说。

"这样可以吃饭了吗？"

"不可以。晓得！晓得！"

一鸣马上去把椅子、碗筷放好。

陈鹤琴认为，要善于激发孩子做事的主动性。你不必去命令孩子做什么、怎么做，而要启发他自己去想，自己去做，给他主动的机会。

时至今日，随着独生子女的日益增多，孩子对父母的依赖也日趋严重，这种依赖性很大程度上是父母溺爱孩子、舍不得让孩子去动手"做"事、处处包办代替的结果。陈鹤琴曾分析过家长包办代替的害处："一是剥夺了孩子肌肉发展的机会，二是养成孩子懒惰的习惯，三是养成孩子不识世务、不知劳苦的习性，四是阻止儿童发展独立自主的精神。"

今天的孩子，将是 21 世纪中华民族腾飞的生力军。每一个真正具有爱心的父母，请放手让孩子自己去做。唯有这样，才能使他们有朝一日能够充满自信地立足于现代社会，成为一个有用的并且是终身幸福的人。

【教育箴言】

儿童智力是在游戏中、作业中、劳动生活中、自然社会中获得基本知识的累积。因此，教师们必须设置各种游戏的环境、工作的环境，并组织儿童参加一些力所能及的劳动，随时随地向大自然大社会进攻，追求事物的真理。

——陈鹤琴

以下为自选任务，同学们根据自己的学习情况进行练习。

1. 举例说说如何设置培养幼儿良好生活习惯的区域活动。

2. 以小组为单位，收集与生活教育相关的儿歌，并为其设计在一日幼儿园生活中应用的方案。

过关检测

一、选择题

1. 以下（　　）不属于健康教育的内容。

A. 身体保育　　　　　　　　B. 安全教育

C. 情绪情感　　　　　　　　D. 社会交往

2. 学前儿童健康领域的活动要（　　）幼儿生长发育的规律，严禁以任何名义进行有损幼儿健康的比赛、表演或训练等。

A. 发扬　　　　　　　　　　B. 结合

C. 充分尊重　　　　　　　　D. 关注爱护

3. 在学前儿童健康教育活动中，应充分尊重幼儿的（　　）地位。

A. 主体　　　　　　　　　　B. 自由

C. 被动　　　　　　　　　　D. 主动

4. 下列活动目标以幼儿角度表述的是（　　）。

A. 教会幼儿穿脱衣服的正确方法

B. 培养幼儿守时的好习惯

C. 喜欢参加小制作活动

D. 鼓励幼儿大胆表达自己的想法

5. 幼儿园教师应是（　　）。

A. 幼儿学习的引导者、决策者和管理者

B. 幼儿学习的支持者、合作者和引导者

C. 幼儿学习的引导者、传授者和控制者

D. 幼儿学习的管理者、决策者和传授者

二、实操题

1. 对下面的两个活动目标进行分析。

（1）活动名称：小豆子的旅行。

活动目标：

①让幼儿了解各消化器官的功能和食物在人体内被消化吸收的过程；

②学习简单的自我保护方法；

③培养幼儿良好的习惯。

（2）活动名称：小动物开车。

活动目标：

①练习在指定范围内四散跑，并学会互相不碰撞；

②培养幼儿遵守交通规则的意识。

2. 依据中班健康教育活动目标，结合下面材料设计一次健康教育活动。

中班幼儿的自我意识已有所发展，并且在幼儿园一年的生活中，也具备了一定的生活自理能力。在幼儿园，幼儿在教师的指导和帮助下，基本上能生活自理；但在家庭中，有些幼儿由于动作不熟练和依赖心理强，往往由成人包办代理了幼儿生活中的一些"小事"。其实"小事"不小，生活自理能力是人自立的基础，所以加强幼儿生活自理能力的训练，也同样可以培养幼儿的自尊心和自信心。

本次活动的目的是让幼儿学会自己穿衣裤、穿鞋、系鞋带，并且乐意自己穿衣裤、穿鞋，养成自己的事情自己做的好习惯，并通过幼儿自己动手，增强幼儿的自尊和自信。

请回顾主题一的学习过程，写下你的反思和感悟，说说对教学的意见，提出你对自己下一主题学习的期待。

_____

_____

_____

_____

_____

_____

_____

_____

_____

_____

_____

_____

_____

_____

_____

_____

主题二　身体健康教育活动

素质目标

1. 培养学生尊重生命发展规律的严谨科学态度;
2. 培养学生铭记生命至上的职业操守;
3. 培养学生家园沟通和服务社会的奉献精神。

知识目标

1. 理解幼儿身体健康教育的内涵;
2. 明确幼儿园身体健康教育包含的内容;
3. 了解幼儿身体健康教育的意义。

技能目标

1. 能够观察和评价幼儿身体健康发展状况;
2. 能够在幼儿园工作中设计身体健康教育活动;
3. 能够解决幼儿身体健康方面常见问题。

教育漫话

阳光幼儿园每年秋季都会给全体幼儿做一次体检,主要项目有头围、胸围、身高、体重、有无贫血、出牙个数及牙齿健康状况等。由保育员老师把结果记入每个幼儿的成长档案。对个别出现问题的幼儿,会及时联系家长,共同解决。

3~6岁是学前儿童生长发育最为旺盛的阶段,很多幼儿园都会定期安排体检,这是非常必要的。通过了解学前儿童身体发育状况,一方面灵活调整幼儿园的教育教学策略,另一方面及时跟家长沟通,共同关注幼儿身体健康,这样可以提升学前儿童教育水平,实现"健康中国,健康幼儿"的教育目标。

身体健康是幼儿生存权利的根本体现,也是一切教育活动的基础。它既包括幼儿自身的发育成长,也包括幼儿与环境的动态交融。《纲要》明确提出,幼儿园工作首位是儿童生命健康。幼儿园身体健康教育活动应该是与其他领域活动充分契合的,有足够科学依据支撑的，有家长和社会多方配合的，更应该是无处不在的。只有教师清晰地把握课程，才能从幼儿发展价值出发，实施科学有效的教育活动，才能在实际工作中引导幼儿爱护自己的身体，激发幼儿对健康身体的审美情感。

幼儿园的身体健康教育包括幼儿对身体器官的认识、对常见疾病的预防知识、能够配合预防接种、身体不舒服知道告诉成人、知道安全用药知识、知道自己的性别等。由于每个年龄阶段的幼儿可以理解的内容深度不同，就需要幼儿园通过多种形式整合并开展适应的教育。这里，我们从集体教育、区域活动、游戏活动分别学习。

探寻一　集体教育
——预防疾病

【活动情境】

阳光幼儿园小（1）班的叶子老师最近陆续听到几位家长"诉苦"，为了预防新冠疫情，家长们陆续带着孩子去注射疫苗，可是这些小班的幼儿并不配合：有的谈"针"色变，家长一商量，就反应激烈，又吵又嚷"我不打针！我不打针"；有的虽然极不情愿，明显害怕，又迫于爸爸妈妈的压力，勉强同意之后，就开始讲条件"我能不能过几天再去呀？""打针了，能不能买个玩具呀？我可以随便挑吗？""打针能不能让姥姥陪？姥姥抱着就不太疼了"；还有的更是花样百出，"我想让冬冬一起去！他是我们班最勇敢的，他不哭，我就不哭！"……

无论之前什么样儿，铺垫工作如何到位，只要到了社区医院、见到打针的护士阿姨之后，幼儿就都是一个样儿：又哭又闹，转身就跑，怎么也不配合——有的奶奶、姥姥陪着一起去的，看见孩子这个样子非常心疼，就想抱回家，不打针了。于是父母跟奶奶、姥姥之间的意见产生严重分歧，争论不休，弄得一家人焦头烂额，打预防针像打仗一样，太难了。

平时表现文静懂事的糖糖在打预防针时闹得最凶，妈妈第二天送她来幼儿园的时候，眼睛还是红红的，一脸委屈的样子。

【活动目标】

1. 交流打针的作用，引导幼儿知道打针对身体的好处；
2. 引导幼儿学会配合护士阿姨打针；
3. 培养幼儿坚强勇敢的品质，从中获得自信心。

【活动要求】

请根据活动情境，借助网络和课程教学资源，团队合作完成以下任务：

1. 了解幼儿打针哭闹的原因；
2. 设计引导幼儿主动配合打针的教育活动方案；
3. 制定引导幼儿主动配合打针的教育策略。

【活动实施】

任务一　幼儿打针哭闹的原因

序号	幼儿打针哭闹表现	生理原因	心理原因	家庭原因	其他原因
1					
2					
3					
4					

任务二　教育活动方案

要求：各小组完成任务后，选取本组代表展示教育活动方案，时间 30 分钟以内。

活动名称				
年龄阶段			活动时间	
活动目标	认知目标			
	技能目标			
	情感目标			
活动重、难点				
活动准备				
活动过程				
活动延伸				

任务三　引导幼儿主动配合打针的教育策略

序号	教育途径	教育策略	
1	集体教育	小班：	
		中班：	
		大班：	
2	游戏活动	小班：	
		中班：	
		大班：	
3	区域活动	小班：	
		中班：	
		大班：	
4	家园合作		

教育策略：教育内容、方法和途径。

【活动总结】 组内自评

小组成员：_____　　　　　日期：_____年_____月_____日

序号	活动内容	评价效果		
1	目标明确			
2	活动准备			
3	任务分工			
4	活动设计			
5	活动完成			

注：以教育活动设计评价指标（详见二维码）进行评价。评分档次统一采用 A（优秀）、B（良好）、C（合格）、D（努力）。

【活动点评】

序号	评价内容	自我评价	组间评价	教师评价	综合评价
1	规范操作				
2	完成质量				
3	完成速度				
4	参与主动				
5	沟通协作				
6	展示汇报				

注：以教育活动展示评价指标（详见二维码）进行评价。评分档次统一采用 A（优秀）、B（良好）、C（合格）、D（努力）。

教育活动设计评价指标

教育活动展示评价指标

【活动反思】

通过上述活动任务，反思以下内容：

1. 你学到了哪些知识或技能，需要具备哪些职业素养？
2. 试一试绘制本次活动设计的知识网络图。

【设计思路】

小班幼儿虽然知识经验不丰富，但对周围世界充满了强烈的好奇心。因此，阳光幼儿园小班的老师们准备开展一次集体教学活动——"我的身体"。从认识自己身体的外部器官开始，培养幼儿的观察能力和探索精神。活动根据小班幼儿以直觉行动思维为主的特点，在活动形式的安排中，注重以幼儿的感知体验——看、说、摸等形式为主，从而激发幼儿对自己身体的爱护之情。

【活动目标】

1. 初步了解自己身体的外部器官，并能说出名称；
2. 学习这些器官的主要功用；
3. 激发幼儿的自信心和对身体的爱护之情。

【活动准备】

1. 大的身体挂图；
2. 律动儿歌《我的身体》；
3. 一个五官、四肢清楚的布娃娃。

【活动任务】

请根据以上素材，完成以下任务：

1. 活动过程；
2. 活动反思；
3. 活动延伸。

【基础知识】

一、幼儿园身体健康教育的内涵

身体健康，主要是指人体各组织、器官发育良好，体态匀称，具备同年龄人的生理功能的一种状态。

幼儿身体健康的主要标志是：身高、体重、头围、胸围等达到当地儿童的正常范围，另外也包括体态端正无异常（如无脊柱侧弯、X形腿或O形腿等）；器官、系统生理功能正常（生理指标在正常水平区间）；身体无疾病。

幼儿园身体健康教育是"以人为本，生命至上"理念的充分体现。结合3~6岁幼儿的生理特点，教育和引导幼儿正确认识自己身体的器官和它们的主要功能，初步学习科学的自我保护方法，培养适度的卫生习惯，进而为幼儿一生的生命质量奠定牢固的基础。身体健康教育因其特殊性，与学前卫生学及幼儿园的各领域教学密不可分，渗透于一日生活的方方面面。

二、幼儿园身体健康教育的意义

健康的身体才能使幼儿未来的发展有无限可能。3~6岁幼儿的身体发育尚未完全，但是却有着巨大的发展潜力。因此，这个阶段幼儿园身体健康教育就有着更特殊的意义。

（一）可以培养幼儿科学的认知态度

生命的发展和起源是唯物的、客观的，幼儿有权知道自己的生命将会是怎样的历程，有权按自己的意愿健康成长。尊重事实，不受唯心主义和神学等言论的干扰，是幼儿园健康教育的核心任务和真正意义所在。

（二）可以培养幼儿的自我保护意识

每时每刻，全世界的学前儿童因疾病和意外伤害死亡的人数都远多于成人。成人的抚养和监管是幼儿健康成长的重要保证，但幼儿自我意识的觉醒，内驱力的作用才是真正的决定因素。教师需要通过身体健康教育，教会幼儿学习更多关于身体健康和安全防护的知识，提高幼儿的自我保护能力和意识。

（三）可以培养幼儿对身体的审美情感

身体健康教育，不仅可让幼儿了解自己的身体，还可以激发他们对健康身体的审美情感，促使他们接受自己（包括性别）、爱护自己，进而客观评价自己，对学前儿童高级情感的发展也有着积极的推进作用。所以，教师开展健康教育活动，在完成知识目标的同时，更要注重情感目标，例如，通过教育活动提高幼儿的自信心、培养幼儿坚强的品质、让幼儿爱上某种卫生习惯等。

幼儿园的身体健康教育，小到幼儿的个体，大到国家和民族的未来，都有着深远的意义，必须得到教师、家长和全社会的重视，用科学的方法，达到理想的目的。

三、幼儿园身体健康教育的目标

（一）身体健康教育的总目标

（1）引导幼儿认识身体的主要器官，了解其主要功能；
（2）引导幼儿学习保护身体、减少意外伤害的基本方法；
（3）引导幼儿学习预防常见疾病的简单知识；
（4）引导幼儿配合打针吃药，乐于接受体检和预防接种；
（5）引导幼儿认识理解性别。

（二）分年龄阶段目标

幼儿身体健康教育分年龄阶段目标见表2-1-1。

表 2-1-1　幼儿身体健康教育分年龄阶段目标

3~4 岁	4~5 岁	5~6 岁
1. 初步了解人体主要器官的名称和功能，知道身体不舒服时要告诉成人； 2. 初步了解常见疾病及简单的预防知识，主动配合体检和预防接种； 3. 初步了解安全用药常识，懂得在成人的指导下正确用药，且不乱吃药； 4. 初步掌握正确刷牙、洗手等的基本方法，逐步养成生活卫生习惯； 5. 认识自己的性别	1. 进一步了解人体主要器官的名称和功能，初步学习保护方法； 2. 进一步了解常见疾病及预防知识，知道生病治疗的意义； 3. 初步了解身体常见小外伤的种类和预防知识，初步学习正确处理身体常见小外伤的方法，形成初步自我保护意识； 4. 进一步学习保持自身清洁卫生的基本方法，并体会对身体健康的意义； 5. 愿意与父母分床睡觉	1. 进一步认识人体主要器官、系统的名称、功能及其保护方法； 2. 更进一步了解常见病和传染病，懂得防病治病的重要性； 3. 初步了解身体生长发育的相关变化，如预防龋齿及换牙等有关知识； 4. 养成良好的清洁卫生习惯，逐步生活自理； 5. 初步具有性别角色意识，了解男女不同厕

【知识链接】

学前儿童身体健康　　幼儿用药委托　　幼儿园的常规　　幼儿园消毒
相关规定　　　　　交接制度　　　　健康检查　　　　制度

小组讨论后完成以下任务。

主要内容	安全隐患	安全内容	教育措施
幼儿打针			
幼儿吃药			

结合活动情境"糖糖怕打针",小组讨论后完成以下任务。

家园共育			
沟通对象	爸爸（　　）、妈妈（　　　）、爷爷（　　　）、奶奶（　　　）、姥爷（　　　）、姥姥（　　　）、其他抚养者（　　　）		
沟通时间	入园（　　）、离园（　　　）、周一至周五（　　　）、周末（　　　）、随机（　　　）		
沟通次数	一周（　　）次，两周（　　　）次，一月（　　　）次，随机（　　　）次		
沟通形式	短信（　　）、电话（　　　）、面谈（　　　）、家访（　　　）		
沟通内容（表现、原因和策略）			
预期目的			

思考：家园沟通过程中需要注意什么?

_____

_____

_____

_____

典型案例　　　　　儿歌　　　　　活动案例

【名人逸事】

伟大的人民教育家——陶行知（一）

陶行知（1891年10月18日—1946年7月25日），安徽省歙县人，中国人民教育家、思想家，伟大的民主主义战士、爱国者，中国人民救国会和中国民主同盟的主要领导人之一。

1908年17岁时他考入了杭州广济医学堂。1915年入读美国哥伦比亚大学，师从约翰·杜威，攻读教育学博士。1917年秋回国，先后任南京高等师范学校、国立东南大学教授、教务主任等职。1931年主编《儿童科学丛书》，在上海先后创办"山海工学团""报童工学团""晨更工学团""流浪儿工学团"等。1933年，他与厉麟似、杨亮功等来自政学两界的知名人士在上海发起成立中国教育学会。1935年，在中国共产党"八一宣言"的感召下积极投身抗日救亡运动。1945年当选中国民主同盟中央常委兼教育委员会主任委员。

1946年7月25日上午，陶行知因长期劳累过度，不幸于上海逝世，享年55岁。

陶行知先生的教育故事：

拆表的故事

有一天，一位朋友的夫人来看陶行知先生。陶先生热情地让她坐下，又倒了一杯茶给她，问道："怎么不带儿子一起来玩？"

这位夫人气呼呼地说："别提了，一提就叫我生气。今天我把他结结实实打了一顿。"

陶先生惊异地问："这是为什么？你儿子很聪明，蛮可爱的哩！"

朋友的夫人取出一个纸包，里面是被拆得乱七八糟的一块手表。她生气地说："陶先生，这表是才买的，竟被我儿子拆成这样，您说可气不可气！他才七八岁，就敢拆表，将来大了恐怕连房子都敢拆呢！所以我打了他一顿。"

陶先生听了笑笑说："坏了，恐怕中国的爱迪生被你枪毙了！"

夫人有点愕然："为什么呢？难道我这样做不对吗？您是大教育家，您说对这样的孩子该怎么办呢？”

陶先生对夫人说：“走，我们上你家去，见见这个小‘爱迪生’。”

到了朋友家里，陶先生见到那个孩子正蹲在院子的大树下，聚精会神地看蚂蚁搬家。

陶先生把孩子搀起来，搂在怀里，笑嘻嘻地问：“你为什么要把妈妈的新表拆开来呢？能告诉我吗？”

孩子怯生生地望了妈妈一眼，低声说：“我听见表里嘀嗒嘀嗒的声音，想拆开看看是什么东西在响。我错了，不该把手表拆坏，惹妈妈生气。”

陶先生说：“想拆开看看是什么东西在响，这没有错。但你要跟大人说一声，不能自作主张。来，你跟我一起到钟表店去好吗？”

孩子又望望妈妈，说：“去店里干什么？”

陶先生说：“去看师傅修表啊，看他怎么拆，又怎么修，怎么装配，你不喜欢吗？”

孩子高兴得跳起来：“我去！我去！”

陶先生拿着那只坏表，带着孩子一起到了一家钟表店。修表师傅看了看坏表，说要一元六角修理费。

陶先生说：“价钱依你，但我要带着孩子看你修，让他长长知识。”师傅同意了。

陶行知和孩子站在旁边，满怀兴趣地看师傅修表。全部装好后，师傅上了发条，表重新发出清晰的嘀嗒声。孩子高兴地欢叫起来：“响了！表修好了！”

陶先生临走又花一元钱买了一只旧钟，送给孩子带回去拆装。孩子连声说：“谢谢伯伯！伯伯真好！”

陶先生把孩子送到家后，孩子立即蹦跳着跟妈妈说：“妈妈，伯伯买了一只钟，让我学习拆装呢！”

那位朋友的夫人不解地问：“还让他拆啊？”

陶行知笑笑说：“你不是问我对这样的孩子该怎么办吗？我的办法就是，把孩子和表一起送到钟表铺，请钟表师傅修表。这样修表铺成了课堂，修表匠成了先生，令郎成了速成学生，修理费成了学费，你的孩子的好奇心就可得到满足，或者他还可以学会修理咧。”

陶先生接着说：“孩子拆表是因为好奇心，孩子的好奇心其实就是一种求知欲，原是有出息的表现。你打了他，不是把他的求知欲打掉了吗？与其不分青皂地打一顿，不如引导他去把事情做好，培养他的兴趣。中国对于小孩子一直是不许动手，动手就要打手心，往往因此摧残了儿童的创造力。我们应该学习爱迪生的母亲，理解、宽容孩子，善于鼓励孩子去动手动脑，这样，更多的‘爱迪生’们就不会被打跑、赶走了。”

夫人听了恍然大悟，她不好意思地笑了一下，诚恳地说：“陶先生，您说得对，太谢谢您了，我今后一定照您的办法去做。”

【教育箴言】

千教万教教人求真，千学万学学做真人。

——陶行知

一、选择题

1. 下列哪个不是幼儿身体健康的主要标志？（　　）

A. 身高　　　　　　B. 体重　　　　　　C. 头围　　　　　　D. 腰围

2. 根据幼儿园身体健康教育的分年龄阶段目标，下面说法哪个不是正常平均水平？（　　）

A. 小班幼儿知道不舒服了要告诉家长　　B. 小班幼儿知道人的性别是不变的

C. 中班幼儿学会自己刷牙　　　　　　　D. 大班幼儿学会午睡后自己整理床铺

3. 预防新冠肺炎，下面哪种操作是正确的？（　　）

A. 幼儿活动室要定时通风

B. 带幼儿外出长时间佩戴 N95 口罩

C. 日常洗手后要教幼儿再用酒精喷洒手掌消毒

D. 防止传染，少去户外活动

4. 关于生病离园在家休息的幼儿，下面说法正确的是（　　）。

A. 离园幼儿有疫区接触史，只要确定无感染，则无须向园所报告

B. 幼儿离园 1 个月以上需重新按照入园检查项目进行健康检查

C. 离园在家休息的时候，作息时间可以自由安排，不用与幼儿园一致

D. 离园时间越短越好，以免影响幼儿学习

5. 关于用药交接问题，错误的做法是（　　）。

A. 家长必须亲自为幼儿带药，不允许让其他人捎带

B. 家长为幼儿自带的任何药品，必须持有原包装

C. 吃药时，教师要仔细检查幼儿的口腔，观察是否已吞服

D. 双胞胎幼儿在同一个班，可以服用对方的药品

二、实操题

1. 如果我们进行了一次大班的集体教育活动"保护关节"，请你思考，这个健康教育活动可以延伸出哪些活动？

2. 根据"基础知识"中给出的幼儿身体健康教育目标，请你思考，列举五个适合中班幼儿集体教育的活动名称。

探寻二　区域活动
——卫生习惯

【活动情境】

一个夏天的上午，阳光幼儿园中（2）班的小朋友开始了他们喜欢的区域活动，领到了区域通行卡片后，大家都兴冲冲地奔向心仪的目的地。中班幼儿的身体运动能力有了明显的进步，跑跑跳跳，活力十足。忽然，传来几声惊呼："老师，快来看呀，千千跌倒了，他的腿出血啦！""老师，来救救千千！"正在各个区域巡视的月亮老师听到孩子们的呼喊，赶紧跑过来，看到千千已经自己爬了起来，坐在地上，右腿膝盖皮肤破损的地方渗出血来。本来眼泪忍在眼圈里，见到月亮老师，千千咧嘴哭了起来。月亮老师摸摸他的头，很肯定地说："千千是个勇敢的男孩子！刚才咱们一直都没哭，对不对？你不是怕疼，你只是委屈，想发泄一下，那咱们就哭一小会儿，好吧？"千千认真地点点头，哭声小了很多。月亮老师观察了他的膝盖，轻轻地摇摇他的手臂和腿，问道："其他的地方都不痛，对不对？""是的，就这里痛！"月亮老师确认他没有别处受伤，就托起千千的伤腿，轻轻地把他抱起来，就近放在小椅子上。

这时候，桐桐老师叫来了园医阿姨，阿姨放下医药箱，拿出消毒工具，开始给千千消毒、涂药。孩子们自然都放下了手里的玩具，围拢了过来，非常好奇地看着。园医阿姨的动作非常熟练，很快就好了。桐桐老师给千千妈妈打过电话，妈妈工作忙，不能及时来接他——这是个小外伤，处理好了，千千愿意继续留在幼儿园。小小的意外结束了，月亮老师发现孩子们都对园医阿姨处理外伤非常感兴趣，就建议说："小朋友们，我们是中班的孩子了，如果我们身边再有人受伤，我们要勇敢地帮助他们处理，我让园医阿姨教教我们该怎么做，你们想学吗？""想！想！"孩子们一下子就兴奋起来。"老师，老师，我来当病人吧！"淘气的岩岩一瘸一拐地挪到小椅子旁边，坐了下来——他那个滑稽的样子把所有人逗笑了。

午觉醒来，孩子们吵着还要去区角的"小小医院"玩儿医生和病人的游戏。经过上午的学习，他们都很有把握了呢！月亮老师笑眯眯地同意了，她带着受伤的千千坐在一边开心地看着……

【活动目标】

1. 引导幼儿了解伤口消毒和用药的重要性；
2. 引导幼儿掌握膝盖跌伤后的简单处理流程和方法；
3. 提升幼儿安全意识和冷静坚强应对小外伤的意志品质。

【活动要求】

请根据活动情境，借助网络和课程教学资源，团队合作完成以下任务：
1. 了解幼儿跌伤的常见原因和部位；
2. 设计教会幼儿简单处理常见跌伤的教育活动方案；
3. 制定引导幼儿防范跌伤及跌伤后处理的教育策略。

【活动实施】

任务一　幼儿跌伤的常见原因和部位

序号	原因	部位
1		
2		
3		
4		

任务二　教育活动方案

要求：各小组完成任务后，选取本组代表展示教育活动方案，时间 30 分钟以内。

活动名称			
年龄阶段		活动时间	
活动目标	认知目标		
	技能目标		
	情感目标		
活动重、难点			
活动准备			
活动过程			
活动延伸			

任务三　引导幼儿防范跌伤及跌伤后处理的教育策略

序号	教育途径	教育策略	
1	集体教育	小班：	
		中班：	
		大班：	
2	游戏活动	小班：	
		中班：	
		大班：	
3	区域活动	小班：	
		中班：	
		大班：	
4	家园合作		

教育策略：教育内容、方法和途径。

【活动总结】 组内自评

小组成员：＿＿＿＿＿＿＿＿＿＿＿＿　　　　日期：＿＿＿＿年＿＿＿＿月＿＿＿＿日

序号	活动内容	评价效果		
1	目标明确			
2	活动准备			
3	任务分工			
4	活动设计			
5	活动完成			

注：以教育活动设计评价指标（详见二维码）进行评价。评分档次统一采用 A（优秀）、B（良好）、C（合格）、D（努力）。

【活动点评】

序号	评价内容	自我评价	组间评价	教师评价	综合评价
1	规范操作				
2	完成质量				
3	完成速度				
4	参与主动				
5	沟通协作				
6	展示汇报				

注：以教育活动展示评价指标（详见二维码）进行评价。评分档次统一采用 A（优秀）、B（良好）、C（合格）、D（努力）。

教育活动设计评价指标

教育活动展示评价指标

【活动反思】

通过上述活动任务，反思以下内容：

1. 你学到了哪些知识或技能？需要具备哪些职业素养？

2. 试一试绘制本次活动设计的知识网络图。

【设计思路】

中班的幼儿已经积累了一些生活经验，在区域活动和游戏活动中能够自如地把握节奏，用生动的语言和肢体动作再现他们观察到的生活情景，学习能力大大增强。这个时期幼儿生长发育旺盛、每天的活动量很大，这就要求幼儿要熟知日常的身体清洁方法和流程，如怎样刷牙、洗手、洗脚等，继续培养他们的自理能力和卫生习惯。为此阳光幼儿园中班的几位老师准备开展一次集体教育活动——"我会刷牙啦"，从了解刷牙的重要性，到如何自己正确刷牙，到不刷牙有哪些严重后果，等等，从而激发幼儿"自己能做的事情自己做"的自豪感。

【活动目标】

1. 认识牙齿的作用及经常刷牙的重要性；

2. 学习自己刷牙的正确方法；

3. 体会"自己能做的事情自己做"的自信心和自豪感。

【活动准备】

1. 不好好刷牙牙齿坏掉的视频、怎样自己正确刷牙的视频；

2. 牙膏、杯子、儿童牙刷、牙齿模型、收脏水的小水桶（每名幼儿一个）。

【活动任务】

请根据以上素材，完成以下任务：

1. 活动过程；

2. 活动反思；

3. 活动延伸。

【基础知识】

一、幼儿园身体健康教育活动设计的原则

健康教育活动是幼儿园五大领域的教育活动之一，各个幼儿园都有自己的特色。身体健康教育活动的设计是健康领域的重要内容之一，要从幼儿的生理特点出发，也要符合幼儿园场地、设备的支持情况，其制定一般应遵循以下原则：

（一）以幼儿为本，尊重幼儿身体发展的实际情况

幼儿生长发育旺盛且参差不齐，同一年龄段里，身高、体重、力气等差别也很大。设计活动时，要全面考虑本班幼儿的实际情况，力争让每个幼儿在活动中都有所收获，不能漏掉任何一个幼儿。

（二）注重长远发展，不急于一时的成效

身体健康教育活动中，有很多内容，如正确面对生病时的打针、吃药，各种生活卫生习惯的养成，对自己性别的认识和认同等，都不是一次或几次活动能见到明显成效的。作为教育者要有耐心，更要有信心陪伴幼儿慢慢进步和成长，切不可贪图教育效果而急功近利。

（三）寓教于乐，吸引幼儿主动、愉快地参与

变"你要参与"为"我想参与"，才是成功的教育活动。每次制定活动方案时，根据本班幼儿的特点，增加趣味性——或者引入小小的比赛，或者邀请哪位小朋友的家长等，激发幼儿的兴趣，调动其内驱力，变被动要求为主动参与，达到事半功倍的效果。

（四）重视活动延伸，把教育成果转化为日常习惯

身体健康教育活动的结束才是教育效果的真正开始——学会了要用在生活中，常用之后要成为习惯，这才是教育价值的真正体现。

（五）依托家园合作，使教育标准统一化、生活化

幼儿园教育活动的最大难点，就是同一件事在幼儿园一个样，回家是另一个样。所以有经验的幼儿园教师，都是家长工作的"高手"。与家长密切联系，做好家长的思想工作，取得他们的理解和支持，使教育标准家园一致，才是成功的身体健康教育。

二、幼儿园身体健康教育活动设计的基本流程

教师设计幼儿园身体健康教育活动，制定适合的活动方案，是活动成功的根本保证。活

动设计一般包括活动名称、活动目标、活动准备、活动过程和活动延伸五个要素。

（一）活动名称

活动名称体现的是身体健康教育活动的主题，在表述时要力求主题明确、直观简洁，符合幼儿年龄特点。

活动名称的设计要注意以下两方面：

第一，活动名称书写格式要规范。

一般有两种书写格式：一种是"健康教育活动：××××（大班）"；另一种是"大班健康教育活动：××××"。很多新手老师上路时，对此都把握得不太准确。

第二，活动名称要体现出鲜明的教育目标。

例如，"我是牙齿小卫士"这个活动名称体现的就是身体健康领域的鲜明教育目标——教幼儿学会保护牙齿。

（二）活动目标

目标涵盖要全面——从幼儿身心发展的角度来看幼儿园身体健康教育活动目标在内容上可分为认知、能力、情感三个方面。认知目标常用"知道……""掌握……""理解……"等表述方式；技能目标常用"学会……""懂得……""养成……"等表述方式；情感态度目标常用"体会……""喜爱………""感受……"等表述方式。

（三）活动准备

做好活动准备是进行身体健康教育活动必需的一个环节。一次完整的身体健康教育活动需要教师和幼儿进行多方面的准备，主要包括物质准备和经验准备两个方面。物质准备，包括教具、学具、环境创设等方面的准备；经验准备，包括教师自身的经验准备（如教师相应的知识结构、能力水平等）和幼儿的经验准备（如相应的知识、经验、认知能力、动作技能及心理准备等）。

（四）活动过程

活动过程的目的是实现活动目标，它是教育实施的集中可见部分。活动过程一般包括活动导入、展开、结束等环节。

1. 导入环节

幼儿园身体健康教育活动的导入可以有多种方式，如故事导入、游戏导入、儿歌及猜谜语导入等，在设计活动导入环节时，应注意以下两方面：

第一，力求吸引幼儿的注意力和兴趣。好的导入，都必须是在最短时间内吸引幼儿，使他们尽快进入主题。

第二，导入要来源于幼儿的已有经验，并与主题相关。任何教育活动的导入都必须关注幼儿的最近发展区，从幼儿的已有经验出发，环环相扣，为主题做好引领，导入更应该紧扣活动的重点，简洁明了，不要过于拖沓。

2. 展开环节

展开环节是实现身体健康教育活动目标的主干部分。它通过感知体验、探索交流、操作练习、情境模拟以及强化认知等方法，让幼儿由浅入深，或由未知向已知，层层递进地参与到教师设定的过程中来，在教师目的性语言的引导下，完成教育活动，以期达到"水到渠成"的效果。重难点的实现与否尤其应该关注。

3. 结束环节

结合身体健康教育活动的内容，结束环节可以采取展示、交流、师幼互动和幼儿个别发言等方式进行。需要注意的是，教师总结要确切客观且有针对性，不盲目夸奖，也不严厉批评，更要注意保护幼儿的自尊心和积极性，并自然过渡到延伸环节。

这里值得一提的是，小、中、大班幼儿的语言表达能力区别很大，从多领域融合的角度来说，结束环节时可以让幼儿自己总结、表达、互相评议，尽量锻炼他们的思维逻辑、语言评价和审美能力，教师不要包办代替，这样可以促进幼儿多方面综合发展。

（五）活动延伸

教师在设计身体健康教育活动时，务必要目光长远，做好延伸教育，维护好教育成果，并且在以后的区域活动、自主游戏、环境创设、家园合作中时常巩固，真正把一次教育活动变成幼儿已有知识或技能。

很多时候，身体健康教育活动结束之后，作为设计者和实施者的教师，还要有活动反思。这也是一个不可忽视的方面：总结活动设计的优点与缺点、活动目标的完成情况等，还能给下次开展活动总结经验和教训。

三、幼儿园身体健康教育的组织形式

身体健康教育的组织形式是多种多样的，各地幼儿园都有自己独具特色的做法，具有代表性的有集体教育、区域活动、教育环境及家园合作等。

（一）集体教育

集体教育活动是教师在了解和把握幼儿身心发展特点与生活习惯的基础上，通过有计划、有组织开展教育活动帮助幼儿获得知识的过程。它是一种正式的、明确便捷的、目的性极强的、系统有序的、作用于幼儿的教学方式，让幼儿在同一时间、同一地点学习相同的内容，并以相同方式进行。这种教学形式有利于教师在活动中发挥主导作用、有序地把控教学过程，更有利于幼儿集中注意力，从而提高幼儿园的教学水平。

身体健康方面，集体教育活动的内容是相当丰富的，近年来，有很多专家出版了这方面的活动案例，总结了非常好的素材，值得借鉴。

（二）区域活动

无论是区域活动还是自主游戏，都是集体教育活动的一种延伸和补充。它们以幼儿的自发行为为主，进行的时候幼儿都比较投入和尽兴，对集体教育内容中的认识器官、模拟处理外伤、养成卫生习惯等许多方面都有巩固的作用，能起到事半功倍的效果。

教师在投放玩具和设计游戏的时候，要充分考虑本班幼儿的年龄特点，务必要以幼儿能够驾驭为准，切不可脱离实际。

例如：区域活动投放玩具或材料时，小班幼儿的年龄特点是平行游戏多，想象力不够丰富，那就应该准备数量多、种类少的材料，且以高结构化材料为主，这才是适合的；自主游戏虽然都是以幼儿自发为主，但教师可以用角色扮演等方式，在适当的时机把控游戏的方向和节奏，有意引导幼儿复习或延伸集体教育中的相关内容。

（三）教育环境

"耳濡目染""潜移默化"是对幼儿最好的教育方式，幼儿园在环境育人方面都是做足了功课的。

环境绝不是装饰品，也不仅仅是硬件设备的堆砌，而是和教育共存、相互补充的，两者是一个不可分割的共同体。环境在幼儿教育中所起到的作用就是创造并设计基于教育内容的"环境"，让幼儿通过与环境的作用进一步受到美的熏陶，感受教育的延续，从而促进幼儿向教育者期望的方向发展。

（四）家园合作

幼儿园身体健康教育的内容与家庭生活内容密切相关，幼儿园教育有个人卫生习惯问题、疾病防护问题、认识性别问题等，这些在家庭教育中也同样存在。如果仅靠幼儿园单方面教育而没有家庭教育的积极配合，幼儿园身体健康教育的效果将大打折扣。所以，必须要争取得到家庭的积极配合。

家园合作可以有多种方式，如：学习卫生习惯时要求家长在家里要按同样的标准规范幼儿；组织主题教育或集体教育活动时征询家长的意见；教育活动有需要时，可以邀请家长给予专业支持或现场给幼儿讲解等。

四、幼儿身体健康教育的常用方法

幼儿身体发育尚不完善：骨骼、肌肉耐力差，不能长时间超负荷运动；牙齿还在陆续萌出和发育，刷牙方法不能与成人相同；眼睛与耳朵等感觉器官功能不完善，教育活动的同时必须注意其卫生保健……由此可见，在身体健康教育中应注意采用适合幼儿的方法。常用的方法如下：

（一）讲解示范法

讲解是教师用生动贴切、符合幼儿认知特点的语言来讲解知识，是幼儿学习新知识的最主要途径；示范是教师以自己的动作让幼儿直观看到所要掌握的动作或技能的具体做法以及完成的先后顺序等。身体健康教育中涉及日常生活中很多的操作技能和方法，因此，边讲解边示范就是最适合的方式。

实际应用时，教师要注意讲解语言的简单化、生活化，示范要分步且耐心，同时根据幼儿掌握情况灵活分配二者的比例，以达到理想的教育效果。

（二）感知体验法

幼儿好奇好动，喜欢动手参与。感知体验法是指让幼儿通过感官直接体验的方式来认识和体验事物的特性，从而积累实践经验的一种方法。这种方法符合幼儿的天性，能有效地激发幼儿在活动中探究的兴趣，达到加深印象的目的。例如，在"我会刷牙了""膝盖流血怎么办""保护小耳朵"等很多活动中，教师都可以因地制宜地创造条件，让幼儿动手体验或操作，因为幼儿的思维具有具体形象性，直接经验的积累才是最有效的。

（三）经验分享法

幼儿的已有经验并不多，但是很多方面的体验都是相通的，让他们自己说出来，大家分享，很容易引起情感共鸣，促进学习成效。例如：在"打针我不怕"这样的集体教育活动中，教师可以让幼儿自己谈谈感受——幼儿对这样的经历自然是记忆犹新，有很多切身体验可以说，这时候分享一下，可以表扬勇敢不哭的，也可以鼓励胆小不敢打针的，互相烘托，气氛自然就有了，比教师一味地说教要好许多，而且也锻炼了幼儿语言表达能力和共情能力，是一举多得的做法。

（四）情境表演法

表演也是幼儿喜欢的游戏方式之一。从生活中已有的经验出发，以情境表演的方式复现与身体健康有关的卫生习惯、打针吃药、疾病养护等问题，可以让教师及时了解幼儿的现有认知，让幼儿之间互相合作和学习，增进情感交流，从而激发幼儿的兴趣，较好地帮助幼儿认识生活中可能遇到的同类问题和冲突，树立科学的身体健康观念。

五、幼儿园身体健康教育应注意的问题

（一）以点带面，注意多学科、多领域的融合

身体健康教育与任何知识的学习一样，都不是孤立存在的，要与其他各领域的知识和技能互相配合，把身体健康教育融入幼儿园保育和教育的各环节中、融入一日生活中，这样才能发挥教育活动的整体性与协调性。

例如：大班身体健康教育活动"保护我的骨骼"，观察实验图片，让幼儿了解人的骨骼有多坚硬（科学领域）；学习保护骨骼的重要性以后，引导幼儿说出做游戏时，不能对小伙伴做哪些危险动作（社会领域）；欣赏一些少先队员和解放军叔叔的照片——看一下身体挺拔、骨骼强壮是很美的（艺术领域）；最后以儿歌《保护我的骨骼》结束，深化幼儿的记忆，升华主题（语言领域）。这就是一个以健康教育为主的综合教育活动，不仅内容丰富、层次鲜明，而且符合幼儿学习的特点。

（二）强化卫生保健知识，注意实施活动时的科学性

掌握幼儿身体发育特点，知道怎样开展卫生保健是开展幼儿园身体健康教育的重要

前提。比如组织幼儿学习新冠肺炎等呼吸道传染病的预防，要做这个专题，教师就必须了解幼儿呼吸系统的组成、特点和如何卫生保健，还要熟知新冠疫情现在的传播、发展情况，再结合本地区的特点，教幼儿如何防控——一个教育活动涉及的生理、医学、传染病学知识是多方面的，这是对一名教师知识掌握准确性的考验，一定要严谨认真，不能胡乱表达，甚至传递错误的知识。

（三）要集体教育为主，个别教育为辅

一般来说，身体健康教育活动的设计都是面向幼儿的平均水平，具有普遍性。但是我们知道，幼儿的生长发育情况差别很大。比如我们进行大班集体教育活动"我换牙了"，就有个别换牙比较晚的幼儿还没到这一步，理解起来就有困难；再比如小班幼儿集体教育活动"我会自己吃药"，如果有幼儿真的就没吃过药，这就是一个特殊情况，等等。实际实施过程中，总会遇到个别情况，如果因为这些改变教育计划，或耽误了整体进程，就是错误的——我们可以抓大放小，对个别幼儿的问题找单独的时间处理和讲解。

（四）教师主导，把握教育活动大方向

作为教师，要熟知本班幼儿的自理能力发展情况、他们的语言表达能力水平，甚至他们的脾气性格和气质类型，根据这些确定教育活动的最近发展区，选择适合他们达到的新目标，从而层次分明地引导他们一步步地去探究和完成学习任务，这才体现了教师的主导地位。

例如，中班集体教育活动"宝宝会刷牙"，教师就要提前调查本班幼儿有多少是自己刷牙的，从而在实施活动时，明确需要重点指导哪些环节。在这个过程中，教师就起着主导作用，引导着幼儿不断提高生活技能。

（五）幼儿主体，充分发挥他们的内驱力

幼儿虽然弱小，但是有无限发展潜力。他们是在不断错误、不断改正的过程中逐渐成熟起来的，尤其是健康领域涉及的生活技能和自我保护等方面，更不可能一下子就学会要领。教师要多表扬、多鼓励、多包容、多耐心，充分发挥他们的内驱力，给他们机会和时间，允许他们慢慢成长，不要训斥挖苦，更不能随意责罚，打击他们的自尊心和自信心。

【知识链接】

学前儿童安全教育专业知识

结合探寻二所学知识，小组讨论后完成以下任务。

主要内容	安全隐患	安全内容	教育措施
小班幼儿 剪纸			
中班幼儿 在走廊里奔跑			
大班幼儿 在园所里玩沙子			

结合活动情境"千千跌伤膝盖"，小组讨论后完成以下任务。

家园共育			
沟通对象	爸爸（　　）、妈妈（　　　）、爷爷（　　　　）、奶奶（　　　　）、姥爷（　　　　）、姥姥（　　　　）、其他抚养者（　　　）		
沟通时间	入园（　　）、离园（　　）、周一至周五（　　　）、周末（　　　）、随机（　　）		
沟通次数	一周（　　）次，两周（　　　）次，一月（　　　）次，随机（　　　）次		
沟通形式	短信（　　）、电话（　　　）、面谈（　　　）、家访（　　　）		
沟通内容 （表现、原因和策略）			
预期目的			

思考：家园沟通过程中需要注意什么？

_____

_____

_____

_____

_____

典型案例　　　　　儿歌　　　　　活动案例

【名人逸事】

伟大的人民教育家——陶行知（二）

陶行知纪念馆

陶行知纪念馆始建于 1951 年晓庄师范复校时，附设于晓庄师范校园内，馆内收藏保存陶行知的一批照片、手稿、遗著和遗物。1980 年 3 月，该馆经整理后重新开放，共展出照片 120 幅，遗物、遗著 200 多件。1985 年，纪念馆展览室扩建，陈列面积 400 多平方米，充实了展品内容，展出照片 429 幅，实物 319 件。

为了进一步弘扬行知精神，继承并发扬行知教育思想，1993 年，纪念馆从校内迁出，在崂山脚下建造了新馆。新馆占地面积达 800 平方米，大门上方挂有张劲夫题写的"犁宫"和陆定一题写的"陶行知纪念馆"两块铜匾。门厅内有一尊陶行知全身铜像，背景是毛泽东题写的"伟大的人民教育家陶行知先生" 13 个金色大字。馆内有两个展厅，展出内容分为八个部分，分别为青少年时期，提倡教育改造时期，乡村教育时期，普及教育时期，国难教育到战时教育时期，全面教育时期，民主教育时期，纪念陶行知、学习陶行知，真实生动地反映了陶行知伟大而光辉的一生。

陶行知先生的教育故事：

蜻蜓的故事

一天午后，一群小孩子在田间的小路上奔跑，追逐着一只蜻蜓。蜻蜓闪着绿莹莹的大眼睛，扇动着翅膀，惊慌地上下乱飞。也许是被追赶得昏了头，突然，猛地撞在树干上摔了下来。翠贞扑上去捉住了它，几个孩子抢着要，叫着嚷着，闹成一团。

陶行知恰好从村里走出来，孩子们看见了他，齐声欢叫："陶先生！陶先生！"陶先生停下脚步，见他们捉蜻蜓玩，便慈爱地抚着翠贞的小辫子问："翠贞，你知道蜻蜓吃什么吗？"翠贞想了一下，回答道："吃虫子。""吃露水。"另一个男孩说。孩子们七嘴八舌地抢着说："吃草，吃树叶，吃泥土！"

陶先生拉着孩子们坐在田埂上说："还是翠贞说得对。蜻蜓吃虫子，比如苍蝇、蚊子、孑孓它都吃，你们说蜻蜓是不是我们的好朋友？"

翠贞点点头。陶行知从她手里取过蜻蜓，高高举起，阳光下，蜻蜓的圆眼睛一闪一闪的，尾巴一撅一撅的。陶先生又问："蜻蜓尾巴有什么用，谁知道？"

"蜻蜓用尾巴在河里点水。""尾巴是指方向的。"

陶行知将蜻蜓小心地翻过去，指着它的尾巴说："你们看，它的尾巴是一节节的，又细又长。它用尾巴保持平衡，调整方向。在它饿极时，会将自己的尾巴吃去一截，不过，以后又会长出来。"接着他将蜻蜓的头部对着孩子们说："它的眼睛很大，结构很复杂，有成千上万的小眼睛构成的，可以看清四面八方的虫子……"

孩子们入神地听着，一个小男孩伸出小手，小心翼翼地抚了一下蜻蜓的尾巴。陶行知将蜻蜓举在眼前，用商量的口吻说："蜻蜓是吃害虫的，它是人类的朋友，放了它，让它为我们去消灭害虫，好不好？"说着把蜻蜓还给翠贞。翠贞看看小伙伴们，孩子们纷纷说："放了它，放了它，让它回家去！"翠贞张开小手将蜻蜓往上一送，蜻蜓忽地坠落下来，在地上挣扎了几下，又展开翅膀向空中飞去。

陶先生说："孩子们，我们观察生物，切不可将它捉来弄死。一只蜻蜓一年可以为人类消灭成千上万只蚊子。你们看，它在大自然中飞来飞去，多么自在，多么活泼！"

蜻蜓在空中飞了几圈，很快飞到流水潺潺的河面上，俯冲上升，盘旋翻飞。孩子们注视着它，欢呼着："嗬，在跳舞呢，看！"

陶行知便由此想到许多学校的生物课，都是将活生生的东西弄死，做成标本，他多次指出："生物课不要变成死物课，'生物陈列所'不要变成'僵尸陈列所'，更不要在无意中培养孩子们残忍的天性。"他主张把孩子们带到大自然中去。要认识青蛙，可以到河边去观察，要认识小鸟，可以到树林里去。这样，才能观察到真正的生物，孩子们才能学到真正有用的知识。

【教育箴言】

生活即教育，社会即学校，教学做合一。

——陶行知

一、选择题

1. 下面哪项不是幼儿园身体健康教育活动设计的原则？（   ）

A. 吸引幼儿主动参与

B. 要重视教育成果转化为日常习惯

C. 以规范化的幼儿园教育为主，家庭教育不用考虑太多

D. 设计要根据本班幼儿身体实际情况，不要求整齐划一

2. 下面的表述错误的是（   ）。

A. 身体健康教育活动目标在内容上可分为认知、能力、情感三个方面

B. 大班健康教育活动：我会洗澡啦——这种书写方式是正确的

C. 健康教育活动的导入部分必须具体、详细，让幼儿听得明白

D. 健康领域的活动设计可以融合其他领域的内容

3. 幼儿园身体健康教育的组织形式包括（   ）。

A. 集体教育　　B. 区域活动　　　　C. 教育环境　　　　D. 以上都是

4. 组织中班幼儿认识如何处理跌伤的时候，下面哪个目标不适合？（   ）

A. 学会简单消毒和包扎　　　　B. 尽力帮助受伤的小伙伴

C. 坚强地配合医生的治疗　　　　D. 学习跌伤怎样引发感染的原理

5. 以下哪项是错误的？（   ）

A. 身体健康教育活动准备包括教师和幼儿的经验准备

B. 活动延伸是对教育活动的有效补充

C. 实施教育活动的过程中，教师要尽量用书面语言，这样比较规范

D. 身体健康教育也包括环境育人

二、实操题

1. 请演示"七步洗手法"。

2. 幼儿中暑的症状表现有哪些？在户外活动时，怎样避免幼儿中暑？

3. "小小医院"是某幼儿园健康教育区域活动时孩子们非常喜欢的一个地方，试述这个区角应该配备哪些物品。

探寻三　游戏活动
——认识器官

【活动情境】

启智幼儿园大（1）班的小朋友都很活泼开朗，而且特别爱运动，在幼儿园的室外游戏是他们的最爱。他们几个人一组，自己找喜欢的小伙伴，玩得特别投入：有互相合作荡秋千的，有相约滑滑梯的，也有在木工区搭建的，还有在沙坑修"城墙"的。看得出来，他们都很珍惜自由游戏的有限时间，活力满满地奔忙着。

忽然珊珊扔下手里的"工作"，急匆匆地奔向陪在不远处的可心老师，张开嘴巴，竟然拿出了一枚白白的小牙齿！她带着哭腔问："可心老师，我掉了一颗牙，我是要生病了吗？"其他的孩子也都围了过来，面面相觑。可心老师知道，这应该是大（1）班第一个掉了乳牙的小朋友，孩子们还不太清楚换牙的问题，于是就喊莹莹老师过来，让她带珊珊去漱口，并让所有的孩子过来，大家围坐在沙坑旁边……

【活动目标】

1. 引导幼儿了解乳牙换恒牙的过程；
2. 引导幼儿掌握乳牙脱落时简单的处理方法和缺了牙齿之后的注意事项；
3. 引导幼儿换牙时不害怕，体会牙齿健康对身体的重要性。

【活动要求】

请根据活动情境，借助网络和课程教学资源，团队合作完成以下任务：

1. 了解幼儿换牙基本知识；
2. 设计教会幼儿简单处理乳牙脱落的教育活动方案；
3. 制定引导大班幼儿认识换牙重要性的教育策略。

【活动实施】

任务一　幼儿换牙基本知识

调查对象	年龄/岁	性别	乳牙脱落几颗	怎样保护新萌出的牙齿
1				
2				
3				
4				
5				

任务二 教育活动方案

要求：各小组完成任务后，选取本组代表展示教育活动方案，时间 30 分钟以内。

活动名称			
年龄阶段		活动时间	
活动目标	认知目标		
	技能目标		
	情感目标		
活动重、难点			
活动准备			
活动过程			
活动延伸			

任务三　引导大班幼儿认识换牙重要性的教育策略

序号	教育途径	教育策略
1	集体教育	
2	游戏活动	
3	区域活动	
4	家园合作	

教育策略：教育内容、方法和途径。

【活动总结】 组内自评

小组成员：_____ 日期：_____年_____月_____日

序号	活动内容	评价效果		
1	目标明确			
2	活动准备			
3	任务分工			
4	活动设计			
5	活动完成			

注：以教育活动设计评价指标（详见二维码）进行评价。评分档次统一采用 A（优秀）、B（良好）、C（合格）、D（努力）。

【活动点评】

序号	评价内容	自我评价	组间评价	教师评价	综合评价
1	规范操作				
2	完成质量				
3	完成速度				
4	参与主动				
5	沟通协作				
6	展示汇报				

注：以教育活动展示评价指标（详见二维码）进行评价。评分档次统一采用 A（优秀）、B（良好）、C（合格）、D（努力）。

教育活动设计评价指标

教育活动展示评价指标

【活动反思】

通过上述活动任务，反思以下内容：

1. 你学到了哪些知识或技能？需要具备哪些职业素养？

2. 试一试绘制本次活动设计的知识网络图。

【设计思路】

幼儿园大班的孩子已经具备了很多"本领"，好学好问，对一切充满新鲜感。他们初步形成了自己的认知习惯和兴趣爱好，更具鲜明的特色，抽象思维能力开始形成，能客观地跟成人交流一些简单的看法，不再盲从别人。也正是从这个时候开始，他们主动探索的能力明显增强，各种信息、各种学习工具（尤其是电子产品），都飞快地被他们接受和利用。所以，他们仍在发育的眼、耳等感官，已经受到了影响。

启智幼儿园大班的老师们计划在这个学期做一次集体教育：健康日。

【活动目标】

1. 初步了解健康日，明白爱牙日、爱眼日、爱耳日都是和健康有关的宣传日；

2. 阅读图文标记，明白健康日的具体日期，协商分配工作，尝试和大家一起制作健康日的宣传栏；

3. 愿意向大家宣传健康知识，体会爱护几种感官的重要性。

【活动准备】

1. 准备制作宣传专栏的材料，笔、纸、图片、照片等；

2. 搜集与健康日有关的一些资料；

3. 邀请从事专业工作的家长发言。

【活动任务】

请根据以上素材，完成以下任务：

1. 活动过程；

2. 活动反思；

3. 活动延伸。

【基础知识】

一、《指南》中幼儿健康体态的规定（见表2-3-1）

表 2-3-1 幼儿健康体态的规定

3~4 岁	4~5 岁	5~6 岁
1. 身高和体重适宜。参考标准： 男孩： 身高：94.9~111.7 厘米； 体重：12.7~21.2 千克。 女孩： 身高：94.1~111.3 厘米； 体重：12.3~21.5 千克。 2. 在提醒下能自然坐直、站直	1. 身高和体重适宜。参考标准： 男孩： 身高：100.7~119.2 厘米； 体重：14.1~24.2 千克。 女孩： 身高：99.9~118.9 厘米； 体重：13.7~24.9 千克。 2. 在提醒下能保持正确的站、坐和行走姿势	1. 身高和体重适宜。参考标准： 男孩： 身高：106.1~125.8 厘米； 体重：15.9~27.1 千克。 女孩： 身高：104.9~125.4 厘米； 体重：15.3~27.8 千克。 2. 经常保持正确的站、坐和行走姿势

二、幼儿园身体健康教育涉及的主要器官

（一）皮肤

皮肤是人体最大的器官，覆盖全身，它保护体内各种组织和器官免受伤害。幼儿皮肤的特点：

（1）比成人代谢旺盛，容易吸收外物；

（2）比成人薄，容易摩擦受损；

（3）比成人防御功能弱，容易受到细菌、病毒的侵害；

（4）比成人黑色素生成少，容易受到紫外线灼伤；

（5）比成人调节体温能力弱，温差大时更容易感冒。

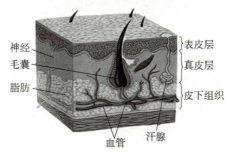

（二）牙齿

人的一生有两副牙齿，即乳牙（共 20 颗）和恒牙（28～32 颗）。出生时在颌骨中已有骨化的乳牙牙包，但未萌出，一般来说，6 个月左右萌出第一颗乳牙，12 个月尚未出牙可视为异常。2 岁内乳牙数目约为月龄减 4～6，2～2.5 岁出齐。最先萌出的乳牙为下面中间的一对门齿，然后是上面中间的一对门齿，随后再按照由中间到两边的顺序逐步萌出。多数幼儿出牙无特殊反应，但也有少数会出现低热、暂时性流涎、烦躁、睡眠不安等症状。

幼儿牙齿生长得好坏不仅关系到面部的美观，更直接影响他们身体的生长发育。

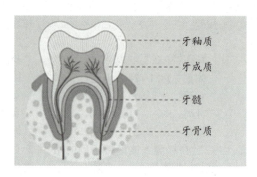

（三）眼

眼是人类的视觉器官，有调查显示：人获得的知识至少有 70% 来自视觉。

眼由眼球（包括眼球壁及内容物）和附属结构（眉毛、上下眼睑、睫毛等）组成。幼儿眼的特点：

（1）眼球前后径较短，呈生理性远视，至少到 5～6 岁才能转为正视；

（2）晶状体弹性大，调节能力强，因此能看清很近的物体。但长时间视物过近，以致晶状体变凸，就容易形成近视。

当下人们的生活水平日益提高，各种电子产品出现在千家万户，手机、平板电脑都被许多家长变成了"哄娃神器"，幼儿用眼卫生堪忧，戴眼镜的幼儿数量呈逐年上升趋势。

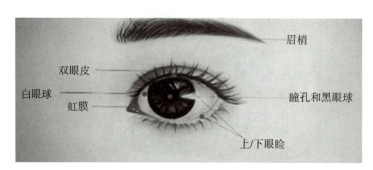

（四）鼻

鼻是人类的嗅觉器官，也是空气进出人体的通道，更兼具参与发声等多项功能。鼻腔被鼻中隔分为左右两腔，前有鼻孔与外界相通，后连通于鼻咽部。幼儿鼻的特点：

（1）由于面颅骨发育不全，幼儿的鼻和鼻腔相对短小；

（2）幼儿没有鼻毛，鼻黏膜柔弱且富于血管，容易受感染；

（3）低龄幼儿鼻泪管较短，且发育不全，上呼吸道感染往往会延及黏膜，出现眼睑红肿、眼屎多等症状。

近年来，由于生活环境和饮食习惯的急剧变化，人类的自身免疫系统疾病呈上升趋势——幼儿过敏性鼻炎就是困扰许多家庭的典型疾病。本病常见的症状包括鼻痒（幼儿经常揉鼻子）、交替性鼻塞、突然的连续喷嚏、流鼻涕、鼻腔不通气，同时眼睛发红发痒及流泪等。

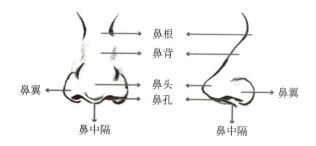

（五）耳

耳是人类的听觉器官。针对我国耳聋发生率高、数量多、危害大，预防工作薄弱的现实，将每年的3月3日定为"全国爱耳日"。

人耳结构可分成三部分：外耳、中耳和内耳。幼儿耳的特点：

（1）外耳道比较狭窄，外耳道壁尚未完全骨化。

（2）耳蜗的感受性较强，对声音比较敏感。幼儿耳蜗的感受性比成人强，听觉比成人敏锐，声音达到60分贝时，呼吸就会有所改变，开始影响睡眠和休息。

（3）易患中耳炎。幼儿的咽鼓管比成人的短、粗，位置水平，所以咽、喉和鼻腔有感染时，病菌易侵入中耳，引起中耳炎。

人耳大约在12岁才发育完全。在人类漫长的一生中，听觉获得的信息量仅次于视觉。成人不要揪拧幼儿耳朵，不要随意为幼儿挖耳，更不能给幼儿服用一些伤害听觉的药物。

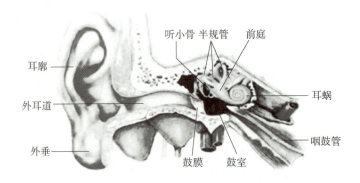

（六）手

手是人类进行劳动的重要器官，是人类高度进化的标志。正常情况下，人一只手有27块骨，且大部分人是右利手（有数据显示大概占到85%）。

训练幼儿的手眼协调性可以更好地开发他们的智力，这是许多幼教专家的共识。幼儿园健康领域的教学活动中，锻炼幼儿手指的灵活性，有计划、有目的、有步骤地提升幼儿精细动作的程度是非常重要的一部分。常见的形式可以有捏、折、画、剪、粘等。

中国式的"望子成龙"很容易造成让幼儿拿笔写字过早，但由于幼儿手部肌肉无力、手骨发育不全，小手很快进入疲劳，导致错误的握笔姿势以及幼儿的厌学情绪。要知道中国的方块字是世界上最难写的文字之一，幼儿要到4岁才陆续进入拼接图形的"敏感期"，才能接受汉字的偏旁结构认知。所以"磨刀不误砍柴工"，要允许幼儿有成长的过程。

（七）脚

脚由骨骼、肌肉、血管、神经等组织构成，是人体重要的负重和运动器官。一只脚由 26 块骨组成，脚上的韧带是全身最强的韧带（连接跟骨的韧带最为强韧），脚上存在多条肌肉、肌腱以维持脚的运动。同时脚部有丰富的血管神经，这些血管神经主要位于足底部。

人出生时是天生的"扁平足"，即没有形成足弓，而人为了适应直立行走，必须在后来的幼儿期逐渐形成足弓，才能缓冲震荡，避免足底的血管和神经受到压迫，这是非常有意义的。为此，我们应该给幼儿穿软硬适中、回弹力好、大小适合的鞋子——值得一提的是，通常幼儿个子长高的时候，是先长脚的，所以成人要时常关注这个细节，及时给幼儿更换稍大尺码的鞋子。

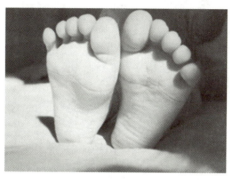

另外，性别是幼儿最早掌握并用于对他人进行分类的社会范畴之一。幼儿要成为合格的社会成员，首先必须明确自己的性别角色。性别角色是社会对男性和女性在行为方式和态度上期望的总和。幼儿的性别是一个确定的生物学事实，也是一个普遍的社会事实。幼儿对自己性别的认识，对自己在社会生活中应起的作用，以及性意向的发展，是他们社会化发展的一个重要的部分。

【知识链接】

学前儿童常见病及预防　　日常外伤处理和卫生习惯的养成　　学前儿童身体发展相关知识

结合探寻三的内容，小组讨论后完成以下任务。

主要内容	安全隐患	安全内容	教育措施
眼			
耳			
鼻			

结合活动情境"珊珊的乳牙掉了"，小组讨论后完成以下任务。

家园共育			
沟通对象	爸爸（　　）、妈妈（　　）、爷爷（　　）、奶奶（　　）、姥爷（　　）、姥姥（　　）、其他抚养者（　　）		
沟通时间	入园（　　）、离园（　　）、周一至周五（　　）、周末（　　）、随机（　　）		
沟通次数	一周（　　）次，两周（　　）次，一月（　　）次，随机（　　）次		
沟通形式	短信（　　）、电话（　　）、面谈（　　）、家访（　　）		
沟通内容 （表现、原因 和策略）			
预期目的			

思考：家园沟通过程中需要注意什么？

_____

_____

_____

_____

典型案例　　　　儿歌　　　　活动案例

【名人逸事】

伟大的人民教育家——陶行知（三）

陶行知为我们遗留下的宝贵财富有三：一是伟大的学说和理论，二是伟大的实践和经验，三是伟大的人格和精神。

他的学说和理论概括起来就是三句话：生活即教育，社会即学校，教学做合一。这就是我们常说的生活教育理论。他的创造教育思想、科学教育思想、幼儿教育思想、职业教育思想、师范教育思想、终身教育思想，都是植根于生活教育理论。"生活即教育"是生活教育的核心，"社会即学校"是生活教育的场所，"教学做合一"是生活教育的方法。

● 生活即教育

"对生活即教育"陶行知有一句很有概括性的话，就是"给生活以教育，用生活来教育，为生活向前向上的需要而教育"。

"生活即教育"的含义有三：一是生活有对人的教育作用，二是教育又促进生活的变化，三是教育随着生活的变化而变化。

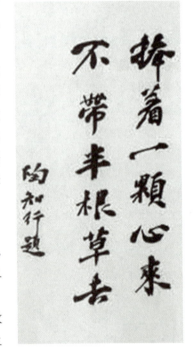

生活教育的效能：一方面"过什么生活便受什么教育"，只要把自己放在社会的生活里，即社会磁力线里转动，便能通过教育的电流，射出光，放出热，发出力。另一方面，"要想受什么教育，便须过什么生活"。只有结合社会生活实际，在生活中进行教育，才能发出力量而成真正教育。

● 社会即学校

它要求"以社会为学校"，用陶行知的话说就是"把整个社会或乡村当作学校"。

它的含义：

1. 认定社会就是一个伟大无比的学校；

2. 学校不得关起门来办学，必须和社会生活联系起来；

3. 运用社会力量，由群众办自己所需要的学校；

4. 从培养目标说是培养有"健康的体魄、农夫的身手、科学的头脑、艺术的兴味、改造社会的精神"的、具有"生活力"和"创造力"，能和劳动人民打成一片的普通劳动者；

5. 从教育内容说，要以社会为课堂，使学校的教育内容更丰富。

● 教学做合一

1. "教学做合一"是生活教育理论的方法论，也是其教学论，它是在批判传统教育和洋化教育的基础上建立起来的，是对传统教学方法的改革。

2. 它的含义是："教的方法根据学的方法，学的方法根据做的方法，事怎样做就怎样学，怎样学就怎样教。教与学都以做为中心。在做上教的是先生，在做上学的是学生"。

3. "教学做合一"，中心是个"做"字，什么是"做"呢？它的特征是：①行动；②思想；③新价值的产生。

陶行知给"做"下过一个广义的定义："做是发明，是创造，是实验，是建设，是生产，是破坏，是寻求出路。"他说："是活人必定做。活一天，做一天，活到老，做到老。"

陶行知先生的教育故事：

王门立雪

当地有一位德高望重的老先生，名叫王藻，是前清贡生。王藻长期在小南海航埠头曹家坐馆，离陶行知家的黄潭源村有15里。陶行知慕名登门求教，以习经学。陶行知好学的精神感动了王藻，于是收他为门生。15里路虽不算远，但来回30里全靠步行，途中还要翻山越岭，两三天去一次，对一个十几岁的孩子来说还是很不容易的。有时天气不好，不能在开课前赶到曹家，到晚了，逢王先生正在讲课，他就站在门口，等课间休息时才进课堂，以免影响老师的讲课与同学们的听课。就这样风雨无阻，从来没有缺席一次。

这天，雨雪纷纷，路滑难行。当陶行知赶到先生教书处时，先生正在上课。陶行知不敢打扰先生，便肃立教室门外，默默听讲。一个多小时过去了，他一直静静地站在那里，身上落满了雪花，如同雪人。王藻下课后，才发现浑身是雪的陶行知，他大吃一惊，连忙把陶行知叫进屋里。王藻十分感慨地说："古有'程门立雪'，今有'王门立雪'。小小年纪，读书就如此刻苦，天将降大任于斯人也！"

四块糖果

陶先生当校长的时候，有一天看到一位男生用砖头砸同学，便将其制止并叫他到校长办公室去。当陶校长回到办公室时，男孩已经等在那里了。陶行知掏出一颗糖给这位同学："这是奖励你的，因为你比我先到办公室。"接着他又掏出一颗糖，说："这也是给你的，我不让你打同学，你立即住手了，说明你尊重我。"男孩将信将疑地接过第二颗糖，陶先生又说道："据我了解，你打同学是因为他欺负女生，说明你很有正义感，我再奖励你一颗糖。"这时，男孩感动得哭了，说："校长，我错了，同学再不对，我也不能采取这种方式。"陶先生于是又掏出一颗糖："你已认错了，我再奖励你一块。我的糖发完了，我们的谈话也结束了。"

【教育箴言】

真教育是心心相印的活动，唯独从心里发出来的，才能打到心的深处。

——陶行知

一、选择题

1. 下面哪项不是幼儿园身体健康教育的内容？（　　）

A. 了解水痘是怎样传染的　　　　　B. 学习怎样洗头发

C. 学习关爱生病的小朋友　　　　　D. 知道男孩和女孩不同厕

2. 《指南》中关于幼儿健康体态的规定，下面哪个描述是错误的？（　　）

A. 3 岁的幼儿在提醒下可以坐直和站直

B. 5 岁的幼儿可以经常保持正确的坐姿和站姿

C. 4 岁女孩身高 90 厘米是正常的

D. 5 岁男孩体重 35 千克是超重的

3. 从名称上来看，下面哪个不是身体健康教育活动？（　　）

A. 变质食品不能吃　　　　　　　　B. 交通标志我知道

C. 河马先生爱刷牙　　　　　　　　D. 我会使用创可贴

4. 为了保护幼儿的身体健康，幼儿教师的哪种做法是不恰当的？（　　）

A. 小班教师给个别自己拿勺子吃饭困难的幼儿喂饭

B. 中班教师让幼儿按需如厕

C. 昨天下午大班的威威在沙坑边跌伤了，今天活动时，教师规定小朋友们禁止在沙坑附近跑跳

D. 教师把班级里有小朋友得了水痘的消息告诉全体家长

5. 在"我是小小百灵鸟"这个集体教育活动中，哪项准备是不必要的？（　　）

A. 儿歌《保护嗓子》　　　　　　　B. 声带的图片

C. 歌曲《小小歌唱家》　　　　　　D. 百灵鸟的图片

二、实操题

1. 利用自然因素（日光、空气、水）锻炼身体，是增进儿童健康的积极措施，人

们通常把这种锻炼称为"三浴锻炼"。三浴锻炼的作用机制，主要是借同一种刺激，长期、多次、反复作用，使机体对这种刺激的非条件反射和条件反射性反应更迅速、灵活、准确，使体温调节过程得到改善，从而增强机体对经常变化的外界环境的适应能力。

请你根据上述材料，开展一次家园共育活动，活动形式自选，根据设计，把过程描述下来。

2. 某幼儿园大班的小朋友丁丁是个可爱的男孩子，但是他有一个不好的习惯，就是总用小脏手擦眼睛。如果你是他的主班老师，请你思考，该怎样对这一现象进行个别指导？

3. 今天早晨入园晨检的时候，小班的格子老师发现球球把一个糖衣药片带到了幼儿园。格子老师问他为什么带小药片，他说，这个甜甜的，可以舔一舔，很好吃的。请问，格子老师该怎么做？

一、选择题

1. 比较其他幼儿，要适当减少体弱儿每次活动的时间，（   ）间隔休息的时间。

A. 增加 　　　　　 B. 减少 　　　　　 C. 取消 　　　　　 D. 保留

2. 学前教育机构和家庭合作共育活动的主要方式有（   ）。

A. 设立家长委员会 　　　　　 B. 建立家长学校

C. 搭建网络交流平台 　　　　　 D. 以上都包括

3. 致病性大肠杆菌肠炎，多发生于（   ）。

A. 春季 　　　　　 B. 夏季 　　　　　 C. 秋季 　　　　　 D. 冬季

4. 制定清洁卫生制度要考虑托幼机构中各个活动是各个环节和各位工作人员全面具体的情况，事无巨细，确保每时每处的清洁卫生。这一条体现的是清洁卫生制度中的（   ）原则。

A. 可行性 　　　　　 B. 有效性 　　　　　 C. 灵活性 　　　　　 D. 全面性

5. 幼儿意外伤害处理原则是（   ）。

A. 减少痛苦→防止残废→挽救生命 　　　　　 B. 防止残废→减少痛苦→挽救生命

C. 挽救生命→防止残废→减少痛苦 　　　　　 D. 防止残废→挽救生命→减少痛苦

二、判断题

1. 为了防止肥皂沫误入幼儿的眼和口内，不建议幼儿用肥皂洗手，只用清水冲洗即可。　　　　　　　　　　　　　　　　　　　　　（   ）

2. 发热是儿科最常见的一种临床症状，一般体温高于 37.5 ℃ 即为高热。（   ）

3. 现在幼儿的生活环境太干净，所以很少生病。　　　　　　　　（   ）

4. 肥胖儿由于心脏和呼吸系统负担重，稍微活动就会引起心跳加快、呼吸困难，于是就不愿意参加活动。　　　　　　　　　　　　　　　　（   ）

5. 装修导致的室内环境污染已经被认为是导致城市白血病患儿增多的主要原因。

（   ）

三、简答题

1. 众所周知，新冠疫情是典型的呼吸道传染病，幼儿活动室的空气质量如何保证？请根据已有知识，并查阅相关资料，尝试回答这个问题。

2. 简述幼儿园身体健康教育活动的基本组织形式和步骤。

四、实操题

春天来了，天气好了，小朋友上课和参加活动的兴奋劲儿越来越高涨。中班的茵茵老师发现，最近班级里的小朋友异常活跃，不但跑动的多，而且喊叫的声音也越来越大——很多时候，一次户外活动回来，有的小朋友嗓子都喊哑了，而且咳嗽声此起彼伏。茵茵老师提醒了几次，效果也并不是太明显。她知道，这个年龄的幼儿必须要注意保护声带，否则会对他们身体健康造成不好的影响。

　　茵茵老师就计划进行一次身体健康教育活动，目的是让小朋友知道声带的重要性，知道要拥有甜美的声音必须要保护好声带。保护声带包括养成轻声说话的习惯、多喝水、不吃辛辣刺激的食物等。她找到了声带的图片，保护嗓子的儿歌。

　　请你根据以上材料，按自己的理解，适当增减活动过程，帮助茵茵老师设计一个中班身体健康教育活动方案。

　　结合之前学习过的知识，总结一下探寻二的知识框架，并站在幼儿教师视角，谈一谈尊重生命发展规律，责任重大。

主题三　心理健康教育活动

素质目标

1. 树立"心理育人""环境育人"的教育理念；
2. 培育以幼儿为本、师德高尚的纽扣教育人师；
3. 培育以能力为重、终身学习的纽扣教育人师。

知识目标

1. 理解学前儿童心理健康教育的内涵与意义；
2. 了解学前儿童心理发展的规律与影响因素；
3. 掌握学前儿童心理健康教育的方法与评价。

技能目标

1. 能够设计、组织、指导学前儿童的心理健康教育活动；
2. 能够用专业知识、家园共育解决学前儿童的心理问题；
3. 能够对学前儿童的心理健康教育进行客观科学的评价。

教育漫话

阳光幼儿园是一所十分注重学前儿童心理健康的幼儿园，这里的老师也定期参加有关学前儿童心理发展及心理问题的专业培训。在这里，老师会为不同成长阶段的学前儿童适时开展不同主题的心理健康教育活动，同时，也将心理健康教育融入一日生活，做到及时发现问题、有效与家长沟通、进行个别指导，此外，还有心情墙、友情墙等不同心理主题的环境创设，以全方位、多途径地促进学前儿童心理健康的发展。为了更好地让学前儿童身心健康成长，这里的老师还开始尝试建立孩子的心理成长档案，以期记录每个孩子心理发展的动态过程和成长轨迹，便于家园合作，更好地帮助解决孩子心理问题。这可是一项重要的大工程。

学前期是学前儿童语言、思维发展的关键时期，也是其性格、情绪、意志及社会行为发展的重要阶段。《纲要》明确指出："树立正确的健康观念，在注重幼儿身体健康的同时，要高度重视幼儿的心理健康。"在这一人生心理状态的奠基阶段，提高学前儿童的心理素质，培养学前儿童的健全人格，幼儿园心理健康教育至关重要。

学前儿童心理健康教育的主要内容包括情绪情感教育、社会性教育（人际关系教育、环境适应教育）和性教育三方面。幼儿园应该通过上述三个方面，逐步发展学前儿童自我解决心理问题的能力，使学前儿童达到身心和社会适应性的完满状态。

探寻一 集体教育
——情绪教育

【活动情境】

阳光幼儿园新的一学期开学啦！这里多了不少稚嫩的新脸庞，也多了不少早晨入园时小朋友与家长依依不舍分别的场景，其间也不乏阵阵哭声，这里要属小（2）班的茜茜哭得最大声。她入园已经好几天了，可几乎每天来时依然会大哭一场。桃子老师和悦悦老师每次都要费好大力气才安抚好她，而她在幼儿园时也常闷闷不乐、独自发呆，一不开心就会哭闹，经常哭到嗓子沙哑，成为桃子老师的重点关注对象。

桃子老师经过与茜茜的家长沟通，了解到茜茜的父母平时工作忙碌，而她平时多由爷爷、奶奶照顾。老人对孩子有些过度精心保护，茜茜的妈妈也知道这样对孩子的成长不利，所以等到茜茜两岁半，就把她送来这所自己精挑细选的幼儿园，妈妈觉得这里硬件条件不错，老师们也都和蔼可亲。但自从茜茜上了幼儿园，妈妈还是每天因担心她而焦虑，常常想象孩子在幼儿园受委屈哭泣的样子，每天送茜茜去幼儿园时看到孩子这样伤心哭喊，妈妈心里也不是滋味儿。奶奶有时也在家抹眼泪，老人觉得太早送去幼儿园孩子不适应，为此家里也有争吵，和谐的气氛被打破。对于茜茜入园的不适、回家后有时依然不开心，老人担心孩子这样下去会生病，不止一次在家里说过不支持送孩子上幼儿园。眼看一周多了茜茜依然没有适应幼儿园的生活，这也有些动摇了妈妈坚持送茜茜去幼儿园的决心。

【活动目标】

1. 缓解幼儿新入园的分离焦虑；
2. 让幼儿得到情感支持，尽快适应幼儿园的生活；
3. 引导幼儿开开心心来上幼儿园，让家长放心。

【活动要求】

请根据活动情境，借助网络和课程教学资源，团队合作完成以下任务：

1. 探寻幼儿新入园期间分离焦虑的原因都有哪些；
2. 设计适宜的心理健康教育活动方案，帮助幼儿缓解分离焦虑、适应新生活；
3. 制定帮助幼儿缓解分离焦虑的教育策略。

【活动实施】

任务一　幼儿分离焦虑的原因

序号	幼儿分离焦虑的表现	生理原因	心理原因	家庭原因	其他原因
1					
2					
3					
4					

任务二　心理健康教育活动方案

要求：各小组完成任务后，选取本组代表展示教育活动方案，时间30分钟以内。

活动名称			
年龄阶段		活动时间	
活动目标	认知目标		
	技能目标		
	情感目标		
活动重、难点			
活动准备			
活动过程			
活动延伸			

任务三　帮助幼儿缓解分离焦虑的教育策略

序号	教育途径	教育策略
1	一日生活	小班：
2	集体生活	小班：
3	游戏活动	小班：
4	区域活动	小班：
5	家园合作	

教育策略：教育内容、方法和途径。

【活动总结】 组内自评

小组成员：_____   日期：_____年_____月_____日

序号	活动内容	评价效果		
1	目标明确			
2	活动准备			
3	任务分工			
4	活动设计			
5	活动完成			

注：以教育活动设计评价指标（详见二维码）进行评价。评分档次统一采用 A（优秀）、B（良好）、C（合格）、D（努力）。

【活动点评】

序号	评价内容	自我评价	组间评价	教师评价	综合评价
1	规范操作				
2	完成质量				
3	完成速度				
4	参与主动				
5	沟通协作				
6	展示汇报				

注：以教育活动展示评价指标（详见二维码）进行评价。评分档次统一采用 A（优秀）、B（良好）、C（合格）、D（努力）。

教育活动设计评价指标

教育活动展示评价指标

【活动反思】

通过上述活动任务，反思以下内容：

1. 你学到了哪些知识或技能？需要具备哪些职业素养？

2. 试一试绘制本次活动设计的知识网络图。

　　幼儿园的心理健康教育应通过创设安全、温馨、愉悦的心理氛围，开展有针对性的主题活动并融入一日生活及其他活动、个别教育、家园共育等方面来实现。情绪教育的方法见下表。

情绪感染	通过语言提示，组织幼儿进行讨论、绘画、唱歌、游戏、表演等各种不同形式来辨别面部表情及情感，理解不同的人在不同的情境中的想法和情感，促进幼儿辨别表情、换位思考能力的发展，进而提高幼儿的情绪认知水平和社会理解水平
情绪唤醒	运用言语等提示唤醒幼儿在过去生活经历中亲身感受到的最强烈的情绪体验，让他们对情绪体验产生的情境、原因和事件加以联想，加强情绪体验与特定社会情境之间的联系
情感迁移	提供一系列由近及远的社会情境，让幼儿分析讨论和扮演角色，从而使幼儿转换角色去体验某种情绪、情感状态，促进其同理心的发展。让幼儿把过去的情绪、情感体验迁移到相应的社会情境之中，体验或设想他人正在体验的情绪，促进移情的产生
情绪抒发	组织幼儿作为主体，将自己移情的体验表达出来，与同伴、教师、家长进行交流。教师应注意其时效性和形式多样性

请根据以上内容探讨：
1. 如何运用这些方法中的一种或几种来帮助小班幼儿缓解分离焦虑？
2. 进一步思考小、中、大班情绪教育的侧重点分别是什么。

_____

_____

_____

_____

_____

_____

_____

_____

【基础知识】

一、学前儿童心理健康的内涵

心理健康指一个人的生理、心理与社会处于相互协调的和谐状态，见表 3-1-1。

表 3-1-1　心理健康的内涵

心理健康	生理层面	心理健康的人，其中枢神经系统无疾病，其功能正常，无不健康的体质遗传。健康的身体给予健康的心理，有了健康的身体，个人的情感、意识、认知和行为才能正常运作
	心理层面	心理健康的人对自我持积极肯定的态度，能正确认识自我、悦纳自我与发展自我，人格发展健全，积极面对现实。自我与环境也能保持协调统一
	社会层面	心理健康的人，能适应社会环境，并能妥善处理人际关系，角色的扮演符合社会要求，能与环境保持良好的接触，且能为社会做出贡献

总之，心理健康是一个包含多种特征的概念，要判别一个人的心理是否健康，仅从某一方面去看是不够的，必须从多方面进行综合判断。

关于学前儿童的心理健康，我们可以理解为：幼儿对自己感到满意，能适应周围环境，在合理的需要得到满足之后，情绪和社会性等方面所表现出来的良好状态。

二、学前儿童心理健康的标准

（一）智力发展正常

智力以思维为核心，包括观察力、注意力、记忆力、想象力等各种认识能力，受先天遗传和后天环境共同作用。

（二）情绪稳定愉快

情绪是一个人对客观事物的内心体验。良好的情绪有益健康，无论是在幼儿园还是家庭中，为幼儿营造温暖、轻松的心理环境，能让幼儿形成安全感和信赖感。

在《指南》中，明确地描绘出了幼儿情绪安定愉快的表现（见表3-1-2），从情绪的识别、体验、表达、调节等方面层层递进，逐步发展。

表 3-1-2　幼儿情绪安定愉快的表现

3~4 岁	4~5 岁	5~6 岁
1. 能高高兴兴上幼儿园，离开父母不哭闹，愿意和小朋友一起玩。 2. 情绪较稳定，很少因一点小事哭闹不止。 3. 有较强烈的情绪反应时，能在成人的安抚下逐渐平静	1. 经常保持愉快的情绪，不高兴时能较快缓解。 2. 有较强烈情绪反应时，能在成人提醒下逐渐平静。 3. 愿把自己的情绪告诉亲近的人，一起分享快乐或求得安慰	1. 常保持愉快的情绪。知道引起自己某种情绪的原因，并努力缓解。 2. 表达情绪的方式较适度。 3. 能随活动的需要转换情绪和注意

（三）乐于与人交往

幼儿阶段是社会性发展的关键期，良好的人际关系和社会适应能力对幼儿身心健康发展具有重要影响。

在《指南》中，幼儿人际交往方面应实现两个目标：愿意与人交往、能与同伴友好相处，具体内容详见下一主题。

（四）行为统一协调

随着年龄的增长，幼儿的思维得到发展，能较好地控制自己的行为，表达情感的方式日趋成熟。

（五）性格特征良好

性格是个性最核心、最本质的表现，心理健康的幼儿，一般具有热情、勇敢、自信、主动、诚实等性格特征。

（六）自我意识良好

能正确认识自己，有积极的自我体验，进而能自我调控，自尊、自信。

（七）无严重心理问题

人在不同阶段，有不同的生理特点和心理特点，若心理冲突得不到有效解决，就会出现与冲突有关的心理卫生问题。幼儿心理卫生问题往往以各种行为方式表现出来。

【知识链接】

学前儿童心理健康的影响因素

幼儿园心理健康教育的主要内容——情绪教育

与情绪有关的学前儿童心理问题

幼儿园心理健康教育的现存问题

疫情期间幼儿心理健康教育的家庭指导策略

小组讨论后完成任务：处于不良情绪中的幼儿可能产生的不安全行为。

主要内容	情绪表现	安全隐患	教育措施
焦虑			
愤怒			
悲伤			
恐惧			

结合活动情境，小组讨论后完成以下任务。

家园共育						
沟通对象	爸爸（　　）、妈妈（　　）、爷爷（　　）、奶奶（　　）、姥爷（　　）、姥姥（　　）、其他抚养者（　　）					
沟通时间	入园（　　）、离园（　　）、周一至周五（　　）、周末（　　）、随机（　　）					
沟通次数	一周（　　）次，两周（　　）次，一月（　　）次，随机（　　）次					
沟通形式	短信（　　）、电话（　　）、面谈（　　）、家访（　　）					
沟通内容（表现、原因和策略）						
预期目的						

思考：家园沟通过程中需要注意什么？

_____

_____

_____

_____

_____

_____

典型案例　　　　　　儿歌　　　　　　活动案例

【名人逸事】

当代儿童教育专家——李跃儿

摘要：李跃儿曾在书中记录她和先生对孩子的种种折磨。李跃儿说，对儿子而言，她曾经是位糟糕的母亲，她把所有老师、父母能犯的错误都犯了。她兢兢业业地爱孩子，但从孩子眼里发出的不是受到爱的光芒，而是摧残过的黑暗，于是她踏上"拯救"之路，值得一读。

李跃儿，1958年4月1日生于宁夏银川，著名儿童教育专家、美术教育家、油画家，曾入围"中国油画三百家"；后由美术教育转入幼儿教育，曾为央视少儿频道签约专家。创办"李跃儿芭学园"，是纪录片电影《小人国》《零零后》中的"大李老师"。

李跃儿作为一名画家，从教孩子绘画开始，发现教育中的问题，感受到自己的责任。当她的画布已经放不下她的教育理想时，她把画布变成了一座立体乐园，让孩子们和她一起实现理想教育。现在的李跃儿已华丽变身为一位"懂绘画的教育家"。

"所有老师、父母犯的错我都犯了"

孩子在幼儿园时，常被老师告状。上小学后，老师告状更厉害了。一次，因为学习不好，她和先生被叫到学校遭到训斥。回来后她生气地说不要这个孩子了，夫妻俩一起把儿子赶出家门。她至今还记得当时儿子两手死死拉着门把，那种绝望的眼神……她每天陪孩子写作业，在旁边盯着，越盯毛病越多；书包杂乱无章，没有一个本子是好的；考试成绩老是全班倒数第一。有一次，她彻底失去了控制就喊道："干脆用钢筋把你我都捅死了，我们都不要活了……"后来，看到孩子的学习状态实在太差，她就把孩子送到了熟人开的小饭馆打工，那年孩子才8岁。但孩子依然没有想着要学习，于是她又把孩子领到捡垃圾的人住的破屋子里，说以后你就住在这里捡垃圾。她希望儿子知难而退，然而乖顺的儿子却问"能否带上自己的被子，因为他们的被子太脏了"……

惊天大案"惊"了一身冷汗

对待孩子，她先生更是动辄打骂，所以父子关系冷淡。转机发生在他先生调查的一

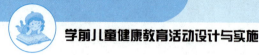

个轰动全国的大案。

1999年4月20日，宁夏银川，几个罪犯想抢劫运钞车，因无武器，故打110谎称报警，把4位民警引来后炸死，其中一个没死，也被连捅22刀。其实主犯杨杰从小非常优秀，在音乐、诗歌上很有天赋。然而，最终他和他的兄弟都成了杀人狂魔。为什么？答：错误的家庭教育方式。

父亲很爱自己的儿子，花了很多心血，可惜全都用错了方法。

踏上"拯救"之路

这个惊天大案惊醒了李跃儿夫妇，让他们对孩子的态度发生了根本改变。他们从孩子3岁开始，10年间一直在折磨他。认识到儿子心灵伤害太深，得彻底治疗，李跃儿当机立断，让孩子休学一年，调整好了再上学。具体的做法，就是让孩子重返童年，回到3岁那个时候。他们夫妻专门腾出时间和孩子一起交流，一起疯玩，一起打闹，孩子需要的都满足他，给孩子充分的自由和尊重。

"一个13岁的孩子，也算大半个小伙子了，竟然开始喜欢婴儿的玩具，看幼儿的书籍，撒娇撒得满地乱爬，嘴里发出奇奇怪怪的声音，让他用体觉、味觉、口诀、手的触摸、脚的探索等自由的体验，把以前本应该经历的敏感期全都经历一遍，一段时间之后，他就会一点一点恢复到现在的年龄。"

这个过程如果父母没有足够力量支撑孩子表现出来的反常行为，也有可能打回原形。幸好，李跃儿那时已经开始接触教育了。一天，她看到书中写：如果孩子想要吃一块饼干，要是他正常地说"妈妈我要吃饼干"，这就是饿了，如果哼哼唧唧地说，就不是饿而是需要爱了。这个时候母亲要抱抱他说：我们来吃饼干，直到他自己下地为止。她恍然大悟，当年3岁的孩子往她身上贴她就把孩子推开，现在孩子正是用撒娇的方式来赢得她的爱，进行心灵修复。她马上采取应对措施，每当孩子撒娇时，她就把他揽在怀里，亲他，抚摸他的脊背，边抚摸边跟他说话，直到他安全为止。通过努力，一年之后，孩子基本上恢复到10岁左右的状态并重新入学。但她和先生仍然努力真正融入孩子心里，和孩子建立心与心的亲密连接。

当然，用心陪伴的过程包括很多内容，比如每天创意比赛、读书讨论儿子喜欢的话题等。对青春期的孩子，语言已没有太多作用，甚至反感，但如果父母和他们一起做他们喜欢的事情，就比较容易走进他们的内心。

一切都是为了"爱"

智慧的爱能使孩子优秀，愚昧的爱只能毁灭孩子。李跃儿老师说："为什么我要把教育家长看得比教育孩子还重，就因为这个体会我是从那个误区里走出来的，我知道孩子的状态就是父母的状态，孩子的原因就是父母的原因。"只要父母愿意改，孩子就一定可以改变！

（摘自：李跃儿，《谁拿走了孩子的幸福》）

【教育箴言】

孩子是脚，教育是鞋。

——李跃儿

以下为自选任务，同学们根据自己的学习情况进行练习。

1. 认真学习教育部颁布的《指南》中各年龄阶段（小、中、大班）幼儿的心理特点。

2. 观看迪士尼动画电影《头脑特工队》，了解幼儿情绪发展的特点，并就此写一篇观后感，字数不限。

探寻二　游戏活动
——社会性教育

【活动情境】

一天，启智幼儿园中班的小朋友正在进行宇竹老师组织的游戏活动，突然间，从一片欢乐声中传来一声哭喊，宇竹老师赶紧快步走上前去查看情况。原来在刚刚进行的活动中，岩岩和豆豆因非故意的肢体碰触引起了小误会，产生了小矛盾。岩岩以为豆豆是故意要和他玩闹，于是岩岩反手就进行了有力的回击，可是他也没想到自己的回击直接把豆豆打得疼哭了。听到豆豆的哭声后，其他小朋友也都停了下来纷纷过来围观。宇竹老师赶紧安抚豆豆，同时另一只手也在轻轻抚摸着岩岩，这时候，岩岩的眼里也充满了委屈，他觉得明明是豆豆先"打"他的。在一旁的惠子老师也赶紧过来帮忙，安抚其他小朋友。

岩岩在班里长得最高、最强壮，是个勇敢的男孩子，平时也时常把其他小朋友打哭。他似乎有一些小霸道，一起玩耍时常常命令其他小朋友听从他的要求，看到好玩的东西也往往直接去别的小朋友手里抢过来，因此有些小朋友也时常被他"欺负"，但他也总觉得自己不是故意的，是他们太爱哭了。其实，经过宇竹老师的观察发现，岩岩还是挺有领导力的，他也为班里的男孩子们树立了一个小小男子汉的榜样，但就是攻击性有些强。有一次，惠子老师在教育岩岩时，岩岩十分生气，拿起手边的东西就要打老师，还好被及时制止。宇竹老师认为，岩岩的行为问题一定与其家庭教育和环境有关……

【活动目标】

1. 减少幼儿攻击行为；
2. 引导幼儿学会表达自己，能与同伴友好相处；
3. 引导幼儿如果遭受到别人的攻击行为，能够知道寻求有效帮助并尽可能保护好自己。

【活动要求】

请根据活动情境，借助网络和课程教学资源，团队合作完成以下任务：
1. 探寻幼儿产生攻击行为的原因都有哪些；
2. 设计适宜的心理健康教育活动方案，帮助幼儿矫治其攻击行为，促进同伴和谐交往；
3. 制定幼儿攻击行为的教育策略。

【活动实施】

任务一　幼儿产生攻击行为的原因

序号	幼儿攻击行为的表现	生理原因	心理原因	家庭原因	其他原因
1					
2					
3					
4					

任务二　心理健康教育活动

要求：各小组完成任务后，选取本组代表展示教育活动方案，时间 30 分钟以内。

活动名称			
年龄阶段		活动时间	
活动目标	认知目标		
	技能目标		
	情感目标		
活动重、难点			
活动准备			
活动过程			
活动延伸			

任务三　幼儿攻击行为的教育策略

序号	内容	教育策略
1	语言攻击	
2	毁坏物品	
3	身体攻击	
4	家园合作	

教育策略：教育内容、方法和途径。

学前儿童健康教育活动设计与实施 $C_C^C{}^cC$

【活动总结】 组内自评

小组成员：_____   日期：_____年_____月_____日

序号	活动内容	评价效果		
1	目标明确			
2	活动准备			
3	任务分工			
4	活动设计			
5	活动完成			

注：以教育活动设计评价指标（详见二维码）进行评价。评分档次统一采用 A（优秀）、B（良好）、C（合格）、D（努力）。

【活动点评】

序号	评价内容	自我评价	组间评价	教师评价	综合评价
1	规范操作				
2	完成质量				
3	完成速度				
4	参与主动				
5	沟通协作				
6	展示汇报				

注：以教育活动展示评价指标（详见二维码）进行评价。评分档次统一采用 A（优秀）、B（良好）、C（合格）、D（努力）。

教育活动设计评价指标

教育活动展示评价指标

【活动反思】

通过上述活动任务，反思以下内容：

1. 你学到了哪些知识或技能？需要具备哪些职业素养？

2. 试一试绘制本次活动设计的知识网络图。

　　近年来，各类校园霸凌事件引起了社会公众的广泛关注，其低龄化的发展趋势着实令人担忧，这背后的教育问题也越来越引人深思。因此，很多研究者总结了容易成为欺凌者和容易成为欺凌对象的两类孩子的特征，见下表。

容易成为欺凌者的孩子特征	容易成为欺凌对象的孩子特征
1. 精力充沛，可能较同龄孩子高大、强壮，或年龄大。 2. 具有许多显著的心理特征，如具有攻击型、高冲动、高沮丧、低焦虑和不快乐。 3. 比较自我中心，对受害同伴缺少同情心。 4. 想要获得注意和寻求权力。 5. 具有品行障碍和适应障碍者。 6. 冲动，做事不考虑后果。 7. 曾被欺凌的受害者	1. 性格内向、害羞、怕事。 2. 在同伴间不受重视，只有很少朋友，十分孤单。 3. 缺乏与同辈相处的社交技巧，容易引起同伴的不满和反感。 4. 有身体障碍者、有智力障碍者。 5. 沉默、表达能力不佳者。 6. 性格或行为上异于他人

请根据以上内容完成以下项目：

1. 可继续补充这两类特征，并谈一谈如何帮助这两类孩子。

2. 作为幼儿教师，如何尽量避免发生攻击事件以及一旦发生后的处理流程都应包含什么？

学前儿童健康教育活动设计与实施

【基础知识】

一、社会性的内涵

社会性是作为社会成员的个体为适应社会生活所表现出的比较稳定的心理和行为特征，也就是人们为了适应社会生活所形成的符合社会传统习俗的行为方式。

社会性发展，即儿童的社会化，是指儿童从一个生物人，逐渐掌握社会的道德行为规范与社会行为技能，成长为一个社会人，逐渐步入社会的过程。它在个体与社会群体、儿童集体相互作用、相互影响的过程中实现，使儿童逐步形成符合社会要求的行为习惯、社会规范和特定的人际关系，即具有一定的社会性。

社会性是一个静态形式，而社会化则是动态过程。

二、学前儿童社会性发展目标

《指南》中明确指出："健康是指人在身体、心理和社会适应方面的良好状态。"幼儿的社会性发展，含人际关系和环境适应能力的强弱，会影响到其心理健康水平。因此，提高幼儿的社会性，是幼儿心理健康教育的重要任务。具体而言，主要包括以下两个方面：

（一）适应集体生活

幼儿对集体生活的适应包括两方面：一是对幼儿园物理环境及其变化的适应，如班级环境、换园、换班等；二是对幼儿园一日生活各个环节常规及活动方式的适应，如入园、进餐、午睡、盥洗、区域活动等。对集体环境适应良好的幼儿，通常情绪安定、愉悦，能够融入幼儿园的一日生活，于各项活动中能建立良好的师幼关系和同伴关系；而对集体环境适应不良的幼儿，容易出现消极情绪和不良行为，甚至会影响未来心理健康发展和其社会性的发展。

（二）人际关系

幼儿的人际关系主要包含亲子关系（民主型、专制型、放任型）、师幼关系和同伴关系。幼儿对人际环境适应的良好表现为当人际环境出现变化时，幼儿能较快融入新的人际关系环境中，进而适应新的集体生活。例如，幼儿刚入园或换新教师时，能较快地适应新环境，并能较快地从中找到玩伴，与同伴建立良好的关系等。

在《指南》中提到，在幼儿人际交往方面应实现两个目标：

一是愿意与人交往，见表3-2-1。

表 3-2-1　幼儿愿意与人交往的表现

3~4 岁	4~5 岁	5~6 岁
1. 愿意和小朋友一起游戏。 2. 愿意与熟悉的长辈一起活动	1. 喜欢和小朋友一起游戏，有经常一起玩的小伙伴。 2. 喜欢和长辈交谈，有事愿意告诉长辈	1. 有自己的好朋友，也喜欢交新朋友。 2. 有问题愿向别人请教。 3. 有高兴或有趣的事愿与大家分享

二是能与同伴友好相处，见表3-2-2。

表 3-2-2　幼儿能与同伴友好相处的表现

3~4 岁	4~5 岁	5~6 岁
1. 想加入同伴的游戏时，能友好地提出请求。 2. 在成人指导下，不争抢、不独霸玩具。 3. 与同伴发生冲突时，能听从成人劝解	1. 会运用介绍自己、交换玩具等简单技巧加入同伴游戏。 2. 对大家都喜欢的东西能轮流、分享。 3. 与同伴发生冲突时，能在他人帮助下和平解决。 4. 活动时愿接受同伴的意见和建议。 5. 不欺负弱小	1. 能想办法吸引同伴和自己一起游戏。 2. 活动时能与同伴分工合作，遇到困难一起克服。 3. 与同伴发生冲突时能自己协商解决。 4. 知道别人的想法有时和自己不一样，能倾听和接受别人的意见，不能接受时会说明理由。 5. 不欺负别人，也不允许别人欺负自己

【知识链接】

学前儿童的社会行为发展

学前儿童心理与行为观察记录表

与品行有关的心理问题

游戏与游戏治疗

小组讨论后完成任务：幼儿在人际交往中可能出现的危险。

人际交往情景	安全隐患	教育措施
与同伴交往		
与父母、其他家人交往		
有陌生人敲门		
陌生人或熟人搭讪		

结合活动情境，小组讨论后完成以下任务。

家园共育			
沟通对象	爸爸（　　）、妈妈（　　）、爷爷（　　）、奶奶（　　）、姥爷（　　）、姥姥（　　）、其他抚养者（　　）		
沟通时间	入园（　　）、离园（　　）、周一至周五（　　）、周末（　　）、随机（　　）		
沟通次数	一周（　　）次，两周（　　）次，一月（　　）次，随机（　　）次		
沟通形式	短信（　　）、电话（　　）、面谈（　　）、家访（　　）		
沟通内容 （表现、原因 和策略）			
预期目的			

思考：家园沟通过程中需要注意什么？

_____

_____

_____

_____

典型案例

儿歌

活动案例

【名人逸事】

李跃儿：成长的秘密

摘要：芭学园是一所以帮助孩子人格发展为目标的学校。在这里，李跃儿老师解释了《小人国》和《成长的秘密》为什么要拍这几个孩子。孩子更多时候不需要专门帮助，而是需要成人准备好适宜的精神环境和物质环境，他们自己就会吸收其中的营养、发展心智和身体。

人类在幼儿的时候才刚完成了一颗种子的使命，开始去长成一棵植物，这个过程仍然需要恰当的帮助。很多家长没发现自己的孩子需要什么帮助，很多学校也把孩子需要帮助的地方忽视了，于是孩子需要帮助的地方就随着时间"溜走了"，但不是真正的消失了，而是留到了孩子长大成人后，在多年的生活中自己艰难地去面对、去弥补。

下面详细说说当时为什么帮助这几个孩子：

一一：可以内向，但不能不与人交往

在这个世界上，凡是为孩子一生的生活质量考虑的学校，都会把孩子在童年期的社会性能力发展放在第一步。什么是社会性能力？大概说起来，就是理解他人意图，由他人外在行为理解他人心理，对人群感兴趣，能够感受和体谅他人等。因为人类无论个体有多大的能力，都必须通过为他人服务才能获得生存机会，也必须与他人合作才能完成社会任务。这些社会性能力只能来自跟他人的来往，无法通过课堂教授完成。

孩子发展社会性能力，与内向和外向没有太大关系，内向以内向的方式交往，外向以外向的方式交往。一一的爸妈虽然比较内向，但他们跟其他家长玩得很好，而一一却完全不接触其他孩子。有人说"孩子长大了就好了"，这句话耽误了多少孩子！因为等待的结果不是肯定的，我们不能等到孩子长大再看看问题解决了没有。

帮助一一的确费了很大劲，但最后我们发现，一一有了朋友之后内心是快乐的。解决了这个问题，一一可以继续保持内向没关系。一一现在内向，但能结识很多好朋友。当初帮一一解决"不与人来往"这个问题并不是谁要求的，而是我们看到孩子的社会性能力发展需要帮助。任何一个决心帮孩子解决难题的老师都曾体会过，要帮孩子，往往意味着要顶着误解，跟家长做很多沟通，承受精神和身体的压力，最后还是有很大可能被误解。

这就是教育者预备承受的，教育者必须具有这样的精神，才能站在孩子的立场上去做教育。

池亦洋：从紧张万分到成为"孩子王"

池亦洋一岁半时就被妈妈送到一所托儿所，三岁刚刚转到芭学园的时候非常胆小。当时看着池亦洋我们很心疼，就开始想办法让他先不害怕老师，然后让他快乐起来。大约花了半年时间，池亦洋终于变得活跃起来了，但当他感觉到这里没有危险，就开始控制其他孩子。后来池亦洋就开始当大王，开始探索权力，他很有智慧，经常能创造游戏带着其他孩子玩。

那么什么样的领袖是能够成功的呢？什么样的领袖会失败呢？肯定是智慧的、爱护被领导的成员的领袖能够成功，这样的领袖是比较有品位的领袖。所以芭学园的老师们就开始帮助池亦洋成为一个有智慧有爱心的领袖。

池亦洋的后续故事曾在电影《零零后》中出现，真是太精彩了。

柔柔：去适合的环境，成长得非常优秀

柔柔快五岁的时候才被妈妈送来，我们对柔柔也很好奇。接下来，我们发现柔柔像一个小天使，整个人还没有来到地球，对于小朋友的语言、爱好，如何跟小朋友来往都一窍不通。但是她跟一一不同，一一是觉得自己不需要，柔柔是想要跟别人来往但是不会。

对孩子们来说，柔柔就像是天外来客，加上她会用那种特殊的哭声当作武器，很快就受到小朋友的忽视，但她又想要跟大家在一起，于是就产生了矛盾。为了解决这个问题，我跟着柔柔和孩子们调解大约两个月的时间，最后终于解决了柔柔的交往问题。

后来，柔柔到美国去上高中，学习成绩非常优秀。

一千个人有一千种特质，任何一个教育也不会适应所有人。教育是时代的产物，人也是时代的产物，时代变化教育就得变化。感恩《小人国》和《成长的秘密》中所有的孩子和家长，他们勇敢地献出自己的真实故事，帮助了无数的人理解什么是人格建构教育。用美国幼教协会罗女士的话来说："这是我们给大学生们描述的理想幼儿园。"

【教育箴言】

孩子不是一张白纸，不是麻烦，不是上帝，孩子是一颗种子。看待孩子，其实是一个看待生命的问题。我们是否将孩子作为一个有思想、有感觉、有感情的高级生命来看待，如果答案是肯定的，我们就必须学会敬畏孩子。

——李跃儿

以下为自选任务，同学们根据自己的学习情况进行练习。

1. 通过探寻一和探寻二的学习，结合相应心理学理论，试论述学前儿童情绪与社会性之间的关系，可适当举例。

2. 任选一部纪录片进行观看，并就儿童心理教育书写体会，字数不限（《小人国》和《零零后》）。

探寻三　区域活动
——性教育

【活动情境】

一天，在阳光幼儿园的区域活动中，细心的美惠老师发现，大班的几个小朋友最近对"性别差异"这个话题很是感兴趣。

在娃娃家活动区域，美惠老师注意到小朋友们在讨论有关"生孩子"的问题。冬冬说："我以后长大了就能当妈妈了。"这时琪琪反驳道："你永远也不可能当妈妈，只有女的才能当妈妈！比如我，我长大了能当妈妈。"冬冬疑惑："为什么呀？"这时候，一旁的辰辰帮忙解释说道："因为只有女的才能生孩子呗，男的不能，你不是男的嘛，你妈妈没告诉你吗？"冬冬说："哦，那让我在娃娃家扮演妈妈好吗？我假装当一会儿妈妈。"想扮演妈妈这个角色的琪琪不高兴了，她说："不行！你是男的你只能扮演爸爸，只有女孩才能扮演妈妈，妈妈就是在家做饭、照顾孩子，男的当爸爸，就得出去上班，不能在家待着，你快出去！你快走吧！快走！"于是她边说边把冬冬推走。冬冬是一个平时温柔、细致的男孩子，虽然不太情愿，但他一看自己只能扮演爸爸，也就默默接受了。

隔天，在组织小朋友们如厕时，美惠老师在外面又听到大班的淘淘在和伙伴们讨论："咱们男生是站着小便的，女生是蹲着的，和咱们不一样。"这引得其他小朋友也七嘴八舌讨论了起来。还有的小朋友补充道："那是因为女生没有咱们的小虫虫，哈哈哈。""所以，还是咱们比女生厉害，嘿嘿。"

于是，美惠老师打算最近开展一次关于"性"启蒙教育的主题活动。

【活动目标】

1. 引导幼儿正确认识男、女的性别差异，看到各自的优势；
2. 引导幼儿接纳并喜欢自己的性别角色；
3. 引导幼儿做出符合自己性别角色的行为。

【活动要求】

请根据活动情境，借助网络和课程教学资源，团队合作完成以下任务：
1. 了解相关的幼儿性生理知识；
2. 设计有关幼儿性教育的心理教育活动方案；
3. 制定幼儿性教育策略。

【活动实施】

任务一　幼儿缺乏性教育导致的常见问题

序号	幼儿缺乏性教育的表现	生理原因	心理原因	家庭原因	其他原因
1					
2					
3					
4					

任务二　心理健康教育活动方案

要求：各小组完成任务后，选取本组代表展示教育活动方案，时间30分钟以内。

活动名称		
年龄阶段		活动时间
活动目标	认知目标	
	技能目标	
	情感目标	
活动重、难点		
活动准备		
活动过程		
活动延伸		

任务三　幼儿性教育策略

序号	教育途径	教育策略	
1	一日生活	小班：	
		中班：	
		大班：	
2	游戏活动	小班：	
		中班：	
		大班：	
3	区域活动	小班：	
		中班：	
		大班：	
4	家园合作		

教育策略：教育内容、方法和途径。

【活动总结】 组内自评

小组成员：＿＿＿＿＿＿＿＿＿＿＿＿＿　　　　日期：＿＿＿＿年＿＿＿＿月＿＿＿＿日

序号	活动内容	评价效果		
1	目标明确			
2	活动准备			
3	任务分工			
4	活动设计			
5	活动完成			

注：以教育活动设计评价指标（详见二维码）进行评价。评分档次统一采用 A（优秀）、B（良好）、C（合格）、D（努力）。

【活动点评】

序号	评价内容	自我评价	组间评价	教师评价	综合评价
1	规范操作				
2	完成质量				
3	完成速度				
4	参与主动				
5	沟通协作				
6	展示汇报				

注：以教育活动展示评价指标（详见二维码）进行评价。评分档次统一采用 A（优秀）、B（良好）、C（合格）、D（努力）。

教育活动设计评价指标

教育活动展示评价指标

【活动反思】

通过上述活动任务，反思以下内容：

1. 你学到了哪些知识或技能？需要具备哪些职业素养？
2. 试一试绘制本次活动设计的知识网络图。

区域游戏（娃娃家、警察局、医院等）是进行性别教育很好的教育方式。随着年龄的增长，幼儿在区域游戏时更倾向于选择与自己性别相符的内容。幼儿园教师要根据幼儿的表现及时调整游戏的设置，并采用一定的策略来降低刻板印象对幼儿性别教育产生的不良影响。

（一）区角设置多样化

教师在保证这种具有典型性别特征的区角活动的同时，应设计更多没有明显性别差异、适合男女幼儿一起玩的游戏区域，让更多的幼儿参与其中，发挥自己的优势，满足不同的需要。

（二）鼓励幼儿跨性别选角色

区域游戏中，教师可以鼓励幼儿进行角色转换，如让女孩扮演"女法官""女律师"，让男孩扮演"老师""护士"，让幼儿感受不同的角色行为和情感体验。这样幼儿会体会到某些职业角色并非固定性别的人才能担当，增加对各自角色的认同，从而减轻对职业角色的刻板印象。

（三）角色任务丰富化

很多时候，幼儿对自己扮演的角色所承担的任务认识有限，容易出现任务单一化的现象。教师可以引导幼儿讨论每种职业的工作内容是不是可以在游戏中表现出来，来加深其对角色的了解。例如，在"娃娃家"中，"妈妈"除了照顾"宝宝"还要去上班，这个时候"爸爸"如果有时间就要帮忙照顾"宝宝"或收拾屋子等。这种任务多样化的角色对幼儿来说会更有趣，也更加有益于他们的发展。

（四）材料、玩具避免刻板化

幼儿对角色的选择有时会受所提供的材料的限制，尤其是那些已经被刻板化的角色所需的材料。如餐厅"服务员"不一定要系花丝巾，也可以改成更加中性的胸牌，"警察局"的背景墙上可以贴上女警察的照片等，这都需要教师用心布置。

（五）语言使用反刻板化

游戏过程的分享活动是教师和幼儿交流的重要环节。教师应注意不要在无意识中强化幼儿的性别刻板印象，要增加幼儿对反刻板类型角色的兴趣，降低对某些刻板角色的偏见。

请结合上述内容讨论还可以设置什么样的区域用以进行儿童性教育，可具体描述区角材料与设置并适当举例。

【基础知识】

一、学前儿童性发展的规律与任务

总有一些父母误解了性健康教育，他们认为自己没有接受过性健康教育，不也一样生养孩子？其实，人类能够生养孩子，只能够说明生殖能力正常，不能够说明性心理、性价值观、性审美的发展是健康的。性不等于生殖，它涉及生理、心理、审美、价值观、婚姻、社会等多个层面。学前儿童在不同时期有其适应的性发展任务。

（一）学前儿童性发展的规律

人类的性发展也具有规律性，这个规律以发展的阶段性和每一个阶段不同的发展任务呈现。这里所说的"性"是指广义上的性。

弗洛伊德将人类的性发展分为五个阶段，分别是口唇期（0~1.5岁）、肛门期（1.5~3岁）、性蕾期（3~6岁）、潜伏期（7岁~青春期前）和青春期。在每一个阶段，孩子都有性发展的任务。0~6岁是人类性发展的萌芽阶段，这个阶段会经历口唇、肛门和生殖器的性发展，是人类性发展过程中最重要的阶段之一。

例如，一代代人在孩童时期都会吸吮手指，这为儿童带来：第一，性感觉的发展（婴儿吸吮自己的手指、脚趾或将整个小拳头放入口中，伴随这些行为，婴儿会出现兴奋和紧张感，这种愉快感是个体成熟的性快感的组成部分）；第二，脱离恋母情感，这时不再依赖妈妈的乳房；第三，大脑与手的协调能力；第四，独立解决问题的能力；第五，自我调节情绪的能力得到发展。而成人有时会对孩子口欲期产生破坏，比如说常用卫生习惯来约束孩子，不许孩子吃手指，强行戒掉这个行为。有些孩子在承受压力的情况下，用吃手的方式缓解，被成人粗暴制止后，孩子为缓解压力变成了吸吮嘴唇或其他不良方式。

还有离乳，俗称断奶，这是儿童从生理和心理走向独立的第一步。离乳后，有的儿童会依恋相关物品。比如有的小班幼儿整天抱着她的依恋物，时不时闻一闻，吃饭、睡觉甚至玩的时候都不离手，她很可能说这有妈妈的味道，这是儿童对依恋物最好的诠释。在想妈妈的时候，依恋物就如同妈妈一样陪伴着她，给她精神力量，帮助其克服环境不适带来的焦虑。当儿童能够自己适应周围的环境时便不再需要依恋物。

此外，6岁前人类的大小便控制系统才完善，如果强制性要求年龄过小的儿童按照成人的意愿大小便，例如强行把尿等，那么儿童自身大小便控制能力的发展会受到破坏。

（二）6 岁前儿童主要的性发展任务

性的健康发展总体应包括以下几个方面，见表 3-3-1。

表 3-3-1　性的健康发展

性生理	性心理	性价值观	性交流能力
了解自己的性器官，懂得如何正确清洁、保护它的健康。例如，女孩应知道如何正确擦拭大便，避免出现感染或者疾病；男孩应该懂得翻包皮清洁生殖器	孩子未来婚姻幸福的基础	孩子的性价值观要符合社会主流的健康价值观。当今社会主流性价值观包括两情相悦、负责任、不伤害他人、遵守法律等元素。这样的性价值观能够保证今后在性关系上的健康和愉悦	夫妻关系

其中，6 岁前幼儿的性发展任务主要是：

第一，胎儿期的性发展任务是性系统（性器官、性腺体）的健康发育。出生后，婴幼儿早期的性体验从口唇开始，经历肛门的性体验，然后发展到生殖器。

第二，性别意识的发展。婴儿出生后就开始了对性别的认识。从父母的特质认知男人与女人的不同，幼儿在 3 岁左右确认并理解自己的性别。

第三，情感的发展。父母和幼儿之间的交往，让幼儿积累处理异性情感的经验，为今后进行着精神的准备。

第四，性价值观雏形形成。这个时期父母向幼儿传递的性价值观是幼儿将来形成健康开朗的性价值观的基础。6 岁前幼儿应建立的性价值观是自然和健康的。

第五，建立起这一时期的性道德。6 岁前幼儿应该建立的性道德是不可以随意暴露自己的身体隐私，尊重他人身体隐私，有些活动不可在公共场所进行，要回避他人。

二、学前儿童性教育的目标

性是人类的一种本能，对它的认识和态度将会影响个体一生的健康。幼儿期是个体接受性教育的关键时期。幼儿的可塑性强，对性不存在偏见，早期健康的性教育可以使幼儿形成正确的性认识，对其成人后的性心理有极其重要的影响。

幼儿园性教育的目的是帮助幼儿建立性别意识、初步进入性别角色、了解粗浅的性生理知识、学会自我保护。《指南》提出的"告诉幼儿不允许别人触摸自己的隐私部位"，对幼儿来说是最重要的性教育内容，也是最符合其年龄特点和实际需要的内容（见表 3-3-2）。

表3-3-2　《指南》相关目标：具备基本的安全知识和自我保护能力

3~4岁	4~5岁	5~6岁
1. 不吃陌生人给的东西，不跟陌生人走。 2. 在提醒下能注意安全，不做危险的事。 3. 在公共场所走失时，能向警察或有关人员说出自己和家长的名字、电话号码等简单信息	1. 知道在公共场合不远离成人的视线单独活动。 2. 认识常见的安全标志，能遵守安全规则。 3. 知道简单的求助方式	1. 未经家长允许不给陌生人开门。 2. 知道一些基本的防灾知识

三、幼儿园性教育的内容

（一）性别角色认同

儿童发展心理学中的某些观察资料表明：幼儿已经对与自己同性或者异性的幼儿采取不同的态度。例如，某男孩和其他男孩玩，却不和女孩玩；幼儿在无法辨别他人性别时会紧张等。虽然幼儿对自己的行为和心理是无意识的，但这足以表明幼儿已经具有区分性别角色的内在倾向。因此，幼儿已经具有接受性别认同和性别角色教育的心理基础。幼儿性别认同和性别角色教育的主要内容如下：

（1）悦纳自己的性别，能够知道不同性别的衣着装扮等外貌特征；

（2）建立正确的性别审美，如男孩和女孩的发型、穿着不同等；

（3）性别恒常性，如知道人的性别不会随着长大、变老而改变；

（4）扮演适合自己性别的角色和做出适当的行为。

（二）简单的性知识教育

当幼儿提出有关出生、性的问题时，家长或教师不必感到尴尬，不要刻意回避，也不要主动提问或解释，要用自然的表情和语气回答；可利用自然界的现象和日常生活情景让他们了解不同性别的社会作用和关系，了解一些简单的动植物繁衍后代的粗浅知识；也可以利用绘本、故事等让幼儿懂得人是怎么出生的。鉴于幼儿的认知水平和情感接受程度，有时要求教师对身体知识以借喻的方式加以说明。

幼儿园教师进行性知识教育时，要用正规的科学用语，不要用方言、俚语或昵称。此外，幼儿可能有玩弄生殖器的现象，这是性萌芽的一种表现，不必过分担心或紧张，父母或教师不要采取恐吓或惩罚的方式对其进行压制，过分反应或责骂会使幼儿认为这个部位是羞于启齿的，是一摸就会受罚挨骂的。受到这样的压制，有的幼儿会产生逆反心理，会更频繁地去触摸，严重的甚至会变成"露阴癖"。

（三）自我保护教育

目前，儿童的性侵害问题越来越受到人们的关注。性侵害严重损害幼儿的身体健康，极易导致幼儿社会适应不良。为使幼儿免受性侵害，成人的保护必不可少，但是，培养幼儿的自我保护意识更为重要。幼儿自我保护教育的内容如下：

（1）能初步识别及应对不恰当的身体接触，知道要保护自己的隐私部位（女孩：背心、短裤遮盖的地方。男孩：短裤遮盖的地方），不让他人触摸。

（2）不随便向他人暴露自己的身体，也不窥探或触摸他人的隐私部位。

（3）能用恰当的语言和动作（如握手、拥抱、亲吻）表达对他人的喜爱之情。

（4）知道在遇到坏人时，采用大声呼救、打电话等求救方式。

（5）知道男厕和女厕的区别。

【知识链接】

学前儿童性教育
应遵循的原则

男女双性
化教育

学前儿童与性发展
有关的心理问题

小组讨论后完成任务。

主要内容	安全隐患	教育措施
与陌生人 亲亲、抱抱		
与熟人亲亲、 抱抱		
与陌生人相处		
与熟人相处		

结合活动情境，小组讨论后完成以下任务。

家园共育	
沟通对象	爸爸（　　）、妈妈（　　）、爷爷（　　）、奶奶（　　）、姥爷（　　）、姥姥（　　）、其他抚养者（　　）
沟通时间	入园（　　）、离园（　　）、周一至周五（　　）、周末（　　）、随机（　　）
沟通次数	一周（　）次，两周（　）次，一月（　）次，随机（　）次
沟通形式	短信（　　）、电话（　　）、面谈（　　）、家访（　　）
沟通内容（表现、原因和策略）	
预期目的	

思考：家园沟通过程中需要注意什么？

_____

_____

_____

_____

_____

_____

知识锦囊

典型案例

儿歌

活动案例

【名人逸事】

李跃儿：心灵的毛毛细雨

摘要：许多家长反映孩子听不进话且越说越皮？因为他们总试图用短时间讲道理就想达到目的，不能智慧地利用孩子本有的因素设计一个过程，使之成长起一种你所希望的特质。给孩子建构原则讲道理不起作用，最好的方法是让他自己体悟，这样才能刻骨铭心，最终形成自己的经验，成为人格的一部分。

第一天上课，我提了个十分有趣的问题，孩子们哇的一声，差不多全都举起手来。我用眼睛扫视全班，发现赵洋把手举得最高，脚尖都踮起来了，喊："老师！我！"他的喊叫立即引起了连锁反应——他的声音，被全体孩子的声音洪流淹没了；他的手，无论举得多高，在一片手的海洋里，仍无法突出。

双方交换信任信息

我还没来得及叫谁回答，赵洋已按捺不住，跳起来跑上讲台。他将小手举到我的眼睛前面，遮住了我的视线。

我按下那只手，再抓住他的两臂，平静地看着他的眼睛，说："赵洋，请你回到自己的座位。"

我的手一直没有松开，眼睛直视他的眼睛，慢慢将他送回。

为什么要直视？因为在需要关注的时候，那颗心是狂乱的。作为孩子，他无法用意志来控制这种狂乱。在孩子心理紊乱、情绪狂躁的情况下，你就是喊破嗓门，他也不会注意你说什么。他的内心不会因此受到震慑的。一般情况下，成人的语言无法给孩子造成震慑，只有目光会像一道光线，通过眼睛照进他的心灵。在我对他说话的时候，我的嘴巴是配合眼睛的，而不是眼睛配合嘴巴。

为什么要抓他的手臂？首先，在我按着他的手臂时，能够向他传导一种平静、安详的信息；其次，在我送他回到座位的过程中，不会因为手的松开而跳回讲台。

回到讲台之后我说："请大家再举一下手。"

我得用眼睛的余光关注着赵洋，看见他在举手的同时，脚已跨出了自己的座位正向讲台冲来。我迎上去，抓住他的两臂，小声告诉他："老师会叫你的。"在我退回到讲台过程中，我发现，赵洋已经焦虑得浑身抖动了。我用最快的速度回到讲台，指着他说："请赵洋发言！"

赵洋像被弹簧猛地弹了一下，唰地站起来，气喘吁吁地回答。他的语言没有标点符号，语速快得就像刮过一股阵风！那是种期待关注的心情。

坚固信任

第二天课前讨论，赵洋又习惯性冲上讲台。我知道这幕戏要重复很久，早已做好思想准备，而赵洋还没意识到这种重复。我不可以接着用语言提醒他，我要让他自己发现并建构起一个关于原则的概念：只要回到座位，举起手，耐心等待，就会得到关注。跑上讲台没用，肯定会被送回。

原则的建构是要反复使用"事件过程"，用行为使孩子体验到，才能将原则植入心中。"听到了"不等于"知道了"，"知道了"不等于"能做到"，道理无法代替行为！而许多家长总将原则当成一种知识去"教"，想教出孩子的原则。教出来的原则是当你问孩子某个原则的时候他会讲得头头是道，但是实际一条都不能遵守。这没一点用处。

这一过程，大约用了四天时间。

第四天，赵洋举手时目光总是紧紧盯着我的眼睛，透露出：让我回答！尽管急不可耐，但我能感觉到其中的信任——李老师肯定会让我答！那种坚定的眼神感动着我。

练习耐力

第七天，我一站到讲台，就与赵洋进入一种状态，只要我用眼角看他一眼，他也会看我一眼；只要我朝他笑一下，他也会朝我笑一下。这样的交流使我充满信心。

课中间，我想试着先叫其他孩子发言，让赵洋学会等待。让我欣慰的是，虽说他仍在乱动，但摇手的节奏明显减慢了。这说明他内心的焦虑正在减弱。

第八天，赵洋每次举起手时，我已经能用眼神很调皮地朝他微笑了，而且也能间隔着来叫其他孩子发言了。只有当我说到请赵洋发言时，他才会说。我俩之间达成了一种默契。但我不能做得太过，太过就会使他失去耐心。人的耐心就像一株树苗，需要慢慢成长。

先是隔一次叫他一回，再是隔两次叫他一回。

赵洋那颗被厚厚茧子包裹着的心，在耐心、信任及关注的太阳下，在爱与爱的相望中，在心灵和心灵交融的毛毛细雨里，逐渐软化。

最后那天，他已差不多忘了这事。这说明这个问题最起码在我这里已不是问题了。

【教育箴言】

教育的本质是为了服务于被教育者，服务的目的是使他们一生幸福。

——李跃儿

以小组为单位，在实际的幼儿园实践中，探究一项常见的学前儿童心理问题，并为此设计相关的教育活动。

过关检测

一、选择题

1. 妈妈带 3 岁的月月在外度假。阿姨打来电话问："你们在哪里玩？"月月说："我们在这里玩。"这反映了月月的思维具有什么特征？（　　　）

A. 具体性　　　　　　　　　　B. 不可逆性

C. 自我中心性　　　　　　　　D. 刻板性

2. 小明搭房子时缺一块长条积木，他发现苗苗手里有一块，就直接过去抢。小明的这种行为属于（　　　）。

A. 工具性攻击　　　　　　　　B. 言语性攻击

C. 生理性攻击　　　　　　　　D. 敌意性攻击

3. 情绪是婴幼儿交往的主要工具，这是因为情绪具有（　　　）。

A. 唤起功能　　　　　　　　　B. 信号作用

C. 调节功能　　　　　　　　　D. 分化过程

4. 儿童原始的情绪反应具有的特点是（　　　）。

A. 与生理需要是否得到满足有直接关系

B. 是出生后适应新环境需要的产物

C. 情绪天生具有系统化、社会性的特点

D. 新生儿的情绪和间接动机相联系

5. 对于 4 岁的女孩爱夹腿这一行为，最适宜的教育是（　　　）。

A. 严肃制止，制止没用的话要打小手

B. 什么都不做，这没什么不正常的

C. 让孩子不要在公共场合夹腿

D. 多关注孩子、陪伴孩子，分散孩子注意力

二、实操题

1. 对下面的活动目标进行分析。

活动名称：百变脸谱。

活动目标：

（1）在制作不同的表情脸谱中认识常见的表情；

（2）学习用语言表达感受，用适当的方式表达情绪；

（3）体验与小朋友们做游戏时的快乐，感受积极体验。

2. 依据中班心理教育活动目标，结合下面材料设计一次心理教育活动。

孝敬父母、尊敬长辈是中华民族的传统美德。如今的孩子都是在父母亲百般呵护、悉心照料下，无忧无虑地成长。今天的多数父母倾尽所有来爱孩子、照顾孩子，但一些孩子把这一切视为理所当然，养成了对父母只知索取、不懂感恩的不健康心理。为了培养幼儿从小感恩父母，请设计一次以此为主题的教育活动"爸爸妈妈，我爱你"。

本次活动的目的是让幼儿学会把自己的爱表达给爸爸、妈妈及其他家人，能在日常生活中表达对家人的关心，还能够力所能及地帮助爸爸、妈妈做点事。

请回顾主题三的学习过程，写下你的反思和感悟，说说对教学的意见，提出你对自己下一主题学习的期待。

_____

_____

_____

_____

_____

_____

_____

_____

_____

_____

_____

_____

_____

_____

主题四　体育教育活动

素质目标

1. 树立"幼儿为本"教育理念；
2. 树立"健康中国"体育运动理念；
3. 具备教育活动设计创新能力，能够传承优秀民间体育活动。

知识目标

1. 知道幼儿早操活动具体环节；
2. 掌握体育教育活动的基本内容；
3. 掌握体育游戏活动的基本要素。

技能目标

1. 能够组织幼儿开展早操活动；
2. 能够科学实施体育教育活动；
3. 能够观察幼儿体育游戏活动，并尝试创编幼儿体育游戏。

教育漫话

　　启智幼儿园在教育中一直相信"欲文明其精神，必野蛮其体魄"。幼儿只有先拥有健康的身体才能为未来的生活奠定基础。孩子是祖国的未来，身体健康、意志坚强、人格健全是教育的要义。

　　在启智幼儿园活动中，体育活动的类型丰富多样，从早晨类型多样的早操活动、丰富全面的体育教育活动到自发趣味十足的体育游戏，多样的体育活动都在向家长与幼儿生动地说明体育活动在幼儿成长发育中的重要作用。体育活动从体育运动的基本动作、体操、队形、体育器械、体育游戏方面开展多方位，多维度练习。

　　《纲要》指出："幼儿园教育是基础教育的重要组成部分，是我国学校教育和终身教育的奠基阶段。"2016年《幼儿园工作规程》（以下简称《规程》）指出："幼儿园的任务是贯彻国家的教育方针，按照保育与教育相结合的原则，遵循幼儿身心发展特点和规律，实施德、智、体、美诸方面全面发展的教育，促进幼儿身心和谐发展。"幼儿体育是保护和促进幼儿身心健康的重要途径和手段，不仅为幼儿的生存和良好的生活提供了重要的物质基础，也是幼儿接受全面发展教育的重要保障。因此，幼儿体育作为幼儿园教育的一个重要方面，不仅是学校体育的重要组成部分，也为幼儿终身体育奠定基础。

探寻一　早操活动

【活动情境】

启智幼儿园新学期开学了，夏夏老师作为小（1）班的主班教师，想把她的班级打造成园里的运动模范班级，夏夏老师学习并设置了丰富的体育早操活动，比如徒手操、彩旗操、生活模仿操、手铃操等，真是类型多样。但是第一次早操活动就让夏夏老师感到头疼，班里小朋友每次都做得扭扭捏捏，站队总是随便乱站，明明会因为忘记队形的变化规律总是和其他小朋友吵起来，浩浩每次早操活动总是非常不积极，乐乐每次做早操的途中就跑去其他班级的队伍。小（1）班的早操活动真的成了夏夏老师最棘手的问题。

【活动目标】

引导小班幼儿能够顺利完成早操活动。

【活动要求】

请根据活动情境，借助网络和课程教学资源，团队合作完成以下任务：

1. 分析夏夏老师早操活动失败的原因；
2. 制定引导幼儿有序开展早操活动的策略；
3. 修改本次早操活动方案并设计合理的周计划；

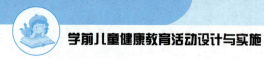

【活动实施】

任务一　影响早操活动失败的原因

序号	幼儿的具体表现	生理原因	心理原因	内容原因	其他原因

任务二　引导幼儿有序开展早操活动的策略

序号	影响因素	解决方法
1	早操内容	
2	教育策略	
3	家庭因素	
4	其他因素	

教育策略：教育内容、方法和途径。

任务三　修改并设计教育活动

小班早操活动安排表（日计划）	
小（1）班早操活动安排	早操活动修改填写
1. 队列练习：两队变四队、圆心散开一路纵队，呈做操队形	
2. 热身活动：跑步活动	
3. 操节练习：大章鱼模仿操 快乐的小跳蛙 筷子操	
4. 体能运动：攀爬区 平衡木 钻爬区	
5. 放松运动：原地音乐律动，整理场地器械	

小班早操活动安排表（日计划）修改建议

小班早操活动安排表（周计划）					
周计划目标：					
星期 活动	周一	周二	周三	周四	周五
热身活动					
队列练习					
操节运动					
体能运动					
放松运动					

【活动总结】

早操活动评价指标	
内容	1. 体操内容符合幼儿年龄：小班模仿操、轻器械操，中大班徒手操、轻器械操； 2. 动作有创意、符合幼儿兴趣； 3. 设计合理，遵循动作发展原则
音乐	1. 活泼、欢快，能激发幼儿参与活动兴趣； 2. 节拍明显
早操结构	1. 热身运动：包含走、跑、跳基本动作的练习； 2. 队列练习：指令明确，有分队、切队队形、速度变化； 3. 操节活动：动作清晰，节数、内容以及顺序合理； 4. 体能活动：利用器械或身体练习走、跑、跳等动作； 5. 放松运动：有放松活动，节奏缓和，幼儿情绪愉快； 6. 各个部分时间设置合理
幼儿活动	1. 情绪愉快参加活动； 2. 基本动作正确，有节奏； 3. 操节动作正确，有力，到位； 4. 中、大班幼儿能在教师引导下，整理场地
教师组织	1. 情绪饱满，能调动幼儿积极性； 2. 示范动作有力，到位，非舞蹈化； 3. 利用简短口语、站位、肢体、眼神等方式适时指导，鼓励幼儿； 4. 教师带操着装便于运动

　　同学们请根据以上早操活动评价指标，观摩幼儿园早操活动，并进行观摩记录（需要有视频并制作二维码）。

幼儿园早操活动观摩记录表			
年龄		时间	
早操 结构			
幼儿 活动			
教师 组织			
观摩 评价			

【活动点评】

序号	活动内容	评价效果		
1	目标明确			
2	活动准备			
3	任务分工			
4	活动设计			
5	活动完成			

注：以教育活动展示评价指标（详见二维码）进行评价。评分档次统一采用 A（优秀）、B（良好）、C（合格）、D（努力）。

教育活动展示评价指标

【活动反思】

通过上述活动任务，反思以下内容：

1. 你学到了哪些知识或技能？需要具备哪些职业素养？
2. 试一试绘制本次活动设计的知识网络图。

1. 根据体育活动安排表，尝试总结小班幼儿操节动作设计顺序。
2. 结合以上体育活动安排表中的晨间锻炼，思考不同年龄阶段各类晨间活动特点。

小班早操活动安排表

项目 时间	晨间 锻炼		体育教 学活动	关键经验	体育游戏活动	区域性 体育活动
第一周	走、跑、跳 攀爬 投掷	晨间带动跳：教师与幼儿一起随音乐舞蹈	快乐的球宝宝	走	母鸡和小鸡（钻）	
					走小路（平衡）	
第二周			神奇的水	听信号走或跑	小蜜蜂采花蜜（爬）	平衡区
					把球滚进门（投掷）	
第三周			乌龟爬	手膝着地爬	拾麦穗（平衡）	
					快乐的小鸡（跑）	
第四周			好玩的平衡板	平衡	把球滚进门（投掷）	攀爬区
					小白兔（跳）	

_____

_____

_____

_____

_____

_____

_____

_____

_____

_____

_____

_____

_____

【基础知识】

一、学前儿童体育活动的内涵

幼儿园体育活动是指通过开展一系列活动，使幼儿能够在活动中达到身体锻炼以及愉悦身心的目标。

二、学前儿童体育活动的目标及要求

（一）幼儿园体育活动的总目标

教育部颁布的《纲要》中明确提出，使幼儿"喜欢参加体育活动，动作协调、灵活"。同时，《纲要》的"内容与要求"指出，开展丰富多彩的户外游戏和体育活动，培养幼儿参加体育活动的兴趣和习惯，增强体质，提高对环境的适应能力；用幼儿感兴趣的方式发展基本动作，提高动作的协调性、灵活性；在体育活动中，培养幼儿坚强、勇敢、不怕困难的意志品质和主动、乐观、合作的态度。"指导要点"中指出，培养幼儿对体育活动的兴趣是幼儿园体育活动重要目标，而且要根据幼儿的特点组织生动有趣、形式多样的体育活动，吸引幼儿主动参与。

因此，我们将幼儿园体育活动的总目标概括为四点：

第一，愿意并喜欢参加体育运动，养成良好的运动习惯，保持身体健康、体能充沛并提高对环境的适应能力。

第二，体育动作正确，具有协调性、灵活性。

第三，体育运动中注重培养幼儿勇敢、不怕困难、敢于挑战的体育精神和互助、合作、乐群的社会性品质。

第四，掌握体育运动中自我保护知识和能力。

具体来说，这一目标包括运动意识、运动技能、心理品质以及安全教育方面的内容。

（二）幼儿园体育活动的年龄阶段目标

《指南》中健康领域的动作发展目标中有关幼儿身体锻炼的活动目标见表4-1-1和表4-1-2。

表 4-1-1　目标 1：具有一定的平衡能力，动作协调、灵敏

3～4 岁	4～5 岁	5～6 岁
1. 能沿地面直线或在较窄的低矮物体上走一段距离。 2. 能双脚灵活交替上下楼梯。 3. 能身体平稳地双脚连续向前跳。 4. 分散跑时能躲避他人的碰撞。 5. 能双手向上抛球	1. 能在较窄的低矮物体上平稳地走一段距离。 2. 能以匍匐、膝盖悬空等多种方式钻爬。 3. 能助跑跨跳过一定距离，或助跑跨跳过一定高度的物体。 4. 能与他人玩追逐、躲闪跑的游戏。 5. 能连续自抛自接球	1. 能在斜坡、荡桥和有一定间隔的物体上较平稳地行走。 2. 能以手脚并用的方式安全地爬攀登架、网等。 3. 能连续跳绳。 4. 能躲避他人滚过来的球或扔过来的沙包。 5. 能连续拍球

表 4-1-2　目标 2：具有一定的力量和耐力

3～4 岁	4～5 岁	5～6 岁
1. 能双手抓杠悬空吊起 10 秒左右。 2. 能单手将沙包向前投掷 2 米左右。 3. 能单脚连续向前跳 2 米左右。 4. 能快跑 15 米左右。 5. 能行走 1 公里左右（途中可适当停歇）	1. 能双手抓杠悬空吊起 15 秒左右。 2. 能单手将沙包向前投掷 4 米左右。 3. 能单脚连续向前跳 5 米左右。 4. 能快跑 20 米左右。 5. 能连续行走 1.5 公里左右（途中可适当停歇）	1. 能双手抓杠悬空吊起 20 秒左右。 2. 能单手将沙包向前投掷 5 米左右。 3. 能单脚连续向前跳 8 米左右。 4. 能快跑 25 米左右。 5. 能连续行走 1.5 公里以上（途中可适当停歇）

　　幼儿园体育活动目标（见表 4-1-3）围绕促进幼儿身体控制和平衡能力、身体基本动作以及身体素质的发展，以幼儿基本动作为体育活动目标的基础，将幼儿平衡能力、幼儿身体素质以及培养幼儿对体育活动的兴趣作为体育活动的重要内容。幼儿维持身体的平衡是身体运动的前提，幼儿身体平衡可以在各个动作中都有明确的目标要求。幼儿身体素质包括力量、耐力以及灵敏等，需要通过相对明确的范围对幼儿身体素质目标进行界定。

表 4-1-3　幼儿园体育活动目标

年龄阶段	教育目标
3～4 岁	1. 自然走、变化走（按照方向）、模仿走并注意队形，能够行走 1 公里（可停歇）。 2. 自然跑、变化跑（按照方向）、走跑交替 100 米，快跑 15 公里，并且动作交替自然；能追逐跑（四散跑），培养跑的兴趣，体验快乐。 3. 向上纵跳，自然行进跳，单脚跨跳 2 米，从 25 厘米高处下跳。跳的动作自然正确，可以屈膝、蹬伸、身体前倾。 4. 向前、向后、向上投掷。投掷动作正确，初步感受肢体用力的身体惯性，可以根据目标距离调整力度。 5. 可以在宽 25 厘米、高 20 厘米的平衡木上行走，可以在窄道上行走。 6. 可以手、膝和脚协调进行正面钻爬，可以配合屈膝、弯腰以及屈腿，可以在 65～70 厘米高的器械下进行钻爬。 7. 能双手抓杠悬空吊起 10 秒左右，身体具有力量、耐力，有坚持性。 8. 根据指令做动作、可以进行模仿操、徒手操，并且喜欢做操

年龄阶段	教育目标
4~5岁	1. 听信号走、根据信号变化走，注意方位、速度、幅度和节奏知觉。 2. 自然跑（步幅大、落地轻、摆臂用力）、变化跑（听信号变速跑）、障碍跑、走跑交替200米，追逐跑能快跑20米，能体验跑步快乐，可以提速、竞赛等。 3. 连续纵跳、垂直跳，可以跳起触物，可以行进跳、单双脚轮换跳、单脚连续向前跳；从30米高处跳下，动作屈膝，身体前倾落地缓冲；立定跳远的跳距不少于30厘米，助跑跨跳且跳距不少于40厘米。 4. 向前投掷4米左右，可以肩上挥臂投掷，预备时可以转体引臂，投时可以转体，可以大臂带小臂。 5. 可以双手侧举在宽20厘米、高30厘米的平衡木上行走，原地自转3圈不跌倒，闭目向前至少10步。 6. 可以手、膝和脚协调爬，可以在60厘米高的器械下进行钻爬，主动探索各种不同爬法。 7. 能双手抓杠悬空吊起15秒左右。 8. 掌握2~4套新体操，按节奏做徒手操和轻器械操，可以根据信号进行队形变化
5~6岁	1. 可以障碍走、闭目走、后退走、前脚掌走、持物走。 2. 变化跑、走跑交替300米，快跑30米。 3. 连续纵跳，从35厘米的高处向下跳，立定跳远且跳距不少于40厘米，助跑跨跳且跳距不少于50厘米，助跑跳远且跳距不少于40厘米，助跑屈膝跳。 4. 单手向前投掷5米，可以肩上挥臂投掷。 5. 可以变换手臂在宽15厘米、高40厘米的平衡木上行走，自转5圈不跌倒，单脚站立且两臂侧平举不少于5秒钟。 6. 匍匐爬，可以侧身、缩身钻过50厘米高的器械。 7. 能双手抓杠悬空吊起20秒左右。 8. 根据口令和信号做出动作、变换队形，按节奏做徒手操和器械操

（三）幼儿园体育活动的目标

体育活动的目标是具体的活动设计目标，活动目标必须能够达到本次教育活动的预期，所以活动目标必须具体、客观以及具有可操作性。活动目标的设计不是随意选取的，要做到有理有据。首先，需要符合幼儿园体育活动的总目标和年龄阶段目标。总目标为体育活动目标的设计提供方向指引，年龄阶段目标是幼儿园总目标的具体细化，同时也是体育活动目标设计时的参考。活动目标需要以总目标和年龄阶段目标为依据，还需要考虑幼儿兴趣以及幼儿的已有的知识经验水平。综合以上目标，幼儿园体育活动目标的制定才能够符合幼儿的兴趣以及发展水平，才可以有效促进幼儿体育锻炼。

三、幼儿早操活动

幼儿早操活动是幼儿园基本的体育活动形式之一。早操活动不是单纯的做操，早操活动需要依据幼儿年龄特点、兴趣需要以及身体发展水平进行合理设计。早操活动的内容形式多样，常见的早操活动内容有慢跑、队形变化、基本体操以及器械体能活动，可以将以

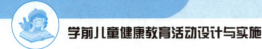

上早操活动内容进行科学合理的组合，以便达到锻炼身体、增强体能的活动效果。

（一）早操活动的意义

早操活动对幼儿的身心发展具有不可估量的重要意义。首先，早操活动有利于幼儿身体的健康发展。

早操活动可以促进幼儿身体骨骼的发育，发展幼儿身体各个部分的肌肉群，锻炼幼儿身体的控制、平衡以及肢体协调能力，增加幼儿身体活动频率，增强幼儿身体抵抗力。幼儿是国家发展的未来，拥有健康的体魄，为国家的未来和民族的兴旺提供保证。

其次，早操活动可以促进幼儿心智的发展。

早操活动通常需要调动幼儿一系列的心理活动，如注意力、记忆力、观察力和控制能力。幼儿在学习早操过程中一方面遵循动作技能发展规律，另一方面各个动作的练习又会促进幼儿心理发展更加成熟稳定。

最后，早操活动可以培养幼儿的意志品质。

幼儿早操活动需要每天坚持进行，在每天的活动中可以让幼儿身体力行锻炼幼儿坚持的品质。早操活动种类多样，在不同的活动中锻炼幼儿不怕困难的品质，并且在不同的季节中进行的早操活动可以让幼儿学会挑战。

（二）早操活动的内容

1. 操节动作

操节活动需要以发展幼儿基本动作为前提，动作设计需要遵循幼儿身体发展过程，从头部到四肢，从上肢到下肢，从肢体到躯干，从简单到复杂。

2. 操节类型

幼儿体操要根据幼儿年龄特点、动作发展以及幼儿兴趣等因素进行合理的设计与编排。体操大致包括模仿操、徒手操以及轻器械操。

小班幼儿一般以模仿操为主，主要根据生活情境以及动物动作进行模仿改编。动作力求生动活泼、简单重复、节奏感强但变化小。建议每套早操包含 4~5 节内容，选用 2×8 拍节奏，时间控制在 6 分钟，如《快乐的小跳蛙》。

中班幼儿动作逐渐协调，一般以徒手操为主、轻器械为辅，设计动作要求具有情境性、趣味性、节奏变化性以及丰富的音效。建议每套早操包含 5~6 节内容，选用 2×8 拍节奏，时间控制在 8 分钟，如《拍手操》。

大班幼儿多以轻器械操为主，动作要求有难度、方向、力量以及队形变化，节奏变化多。建议每套早操包含 6~8 节内容，选用 4×8 拍节奏，时间控制在 10 分钟，如《世界真奇妙》。

（三）早操活动队列队形

整齐有序的队列队形是开展体操活动的前提。队形队列可以帮助幼儿合理过渡活动环节，集中注意力，观察力，帮助幼儿顺利参与早操活动。队形队列类型多样，但是幼儿年龄较小、理解能力不强，队列队形变化不宜复杂过多。常见队形有一路纵队、多路纵队、圆形或半圆形、密集型、分散型等。

小班幼儿队列队形主要采取直线型、圆圈形或散点式；中班幼儿在前期基础上可以尝试分队走、蛇形走、两路或四路纵队变换以及单队十字形；大班幼儿可以有多种队形变化，如两队变四队、多队穿插以及两队十字。

（四）早操活动包含的基本环节

早操活动一般包含 5 个环节：热身活动、队列练习、操节活动、体能活动以及放松活动。

热身活动，是早操活动的开始环节，通过热身活动可以吸引幼儿的注意力，帮助幼儿顺利过渡到具体的早操环节，同时还可以帮助幼儿伸展身体各个部分关节，避免关节扭伤。一般常用的热身活动有走路、跑步等。

队列练习，是热身活动不可缺少的后续内容，通过队列练习可以帮助幼儿快速做好早操活动的准备，在练习环节中幼儿可以感受到集体与个人关系，增强幼儿的规则意识。常见的队列口令有立正、稍息、原地踏步走、齐步走、跑步走、立定、向前看齐、向左（右）看齐等。

操节活动，是早操活动的核心环节，在活动中进行身体动作的锻炼以及身体体能的锻炼。操节活动的设计要符合幼儿身体发育、动作发展特点等，不宜过难，要与幼儿兴趣、生活经验相联系，做到因地制宜、因时而异。

体能活动，是在操节活动之后的活动，体能活动内容没有具体限制和要求。体能活动可以借助不同运动器械，锻炼幼儿的动作协调性以及幼儿身体体能。一般体能活动的运动量大、活动频率高并且活动趣味性强，但是活动时间短。

放松活动，是早操的结束部分。放松活动可以提供给幼儿缓冲阶段，在活动中幼儿可以适当调节自己的身体以及心理活动，不要过于亢奋，以便顺利过渡到下一项活动。

四、早操活动的编制

早操活动的编制需要适合幼儿的年龄和身体动作发育的特点。早操动作需要有趣味性，利用多种早操活动形式以及器械。早操活动既要能够锻炼幼儿的身体，又可以促进幼儿品质与意志的发展。早操动作的编制要科学合理，符合动作发展的连贯性，同时要注意安排合理的运动量。

（一）早操活动的编制流程

早操活动的编制流程：确定名称—设计动作—选择音乐—记录动作。

（1）早操活动的编制首先需要确定早操活动名称，活动名称可以与幼儿生活的内容、环境、学习经验以及使用的器械相关。

（2）设计动作。动作设计遵循幼儿身体动作发育特点，简单、大方并且有预备动作、主体动作以及整理动作，体操节奏分明。此外动作设计中需要考虑不同器械对幼儿体操活动的作用，进行器械准备。

（3）音乐选择符合快乐、节奏感强、节拍明显的原则。音乐内容积极健康，歌曲内容好记忆。歌曲节奏有明显的节奏起伏。

（4）在完成动作设计、音乐选择后对编排的早操动作进行记录。

（二）学习幼儿早操活动创编的原则

1. 生活化原则

幼儿早操的创编应贴近幼儿生活，尽量用幼儿熟悉的音乐、动作、游戏来编排，使之情趣化、游戏化，调动幼儿参与的积极性和主动性。

2. 科学性原则

幼儿早操活动的创编必须以不同年龄段幼儿的身心发展特点为依据，不能违背幼儿的身心发展规律，在编操的过程中体现为对动作的选择和对运动量的控制上。设计中需要结合幼儿心理学、幼儿生理学等相关学科知识，立足各年龄段幼儿的心理发展和动作发展特点，进行早操活动设计。

3. 全面性原则

设计过程中注意幼儿动作和技能的全面发展，体现大动作与精细动作的搭配、动作动与静的搭配、上下肢动作的搭配等。

4. 操化原则

早操不能舞蹈化。早操中为了激发幼儿兴趣，有时可以使用少量的舞蹈动作，但早操为了达成一定的锻炼目的，必须有一定的运动量，而儿童舞蹈主要目的是满足幼儿的审美需求，锻炼效果不佳。因此，设计过程中把握早操中舞蹈动作的"度"，不能舞蹈化。

5. 创造性原则

编排整套幼儿早操活动时，要避免动作重复或千篇一律、枯燥无味。根据幼儿的年龄特点，通过选择新颖的器械、改变身体姿势和动作的方向、幅度、速度、路线和节奏，突破已有活动形式，创造性地编排出新颖、独特并具有时代感的动作，提高幼儿的兴趣和锻炼效果。

五、早操活动组织注意事项

（1）注意幼儿早操活动的衣服舒适程度，并根据季节、天气状况适当调整。

（2）合理规划早操活动的具体时间，不能因为天气原因随意停止早操活动；合理规划早操场地，可以利用室内公共区域，确保早操活动顺利开展。

（3）做操过程中注意观察幼儿的活动状态，教师要时刻走动，动态观察幼儿的活动，如肢体的伸张、情绪状态等，以确保早操活动安全顺利开展。

（4）冬季注意保暖，夏季注意防晒。

（5）早操环节教师要保证自己的衣着合规，动作具有示范性以及口令准确。教师示范准确、声音洪亮，注意实时调整早操活动节奏。

【知识链接】

操节动作的设计

早操运动量多少适宜？

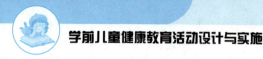

学前儿童健康教育活动设计与实施

小组讨论完成以下任务：早操活动的注意事项。

主要内容	安全隐患	安全内容	教育措施
热身运动			
队列练习			
操节运动			
体能运动			
放松运动			

思考：

1. 请你为周末在家的幼儿创编一套早操活动。

2. 在家庭中开展幼儿早操活动需要家长做些什么呢？

_____

_____

_____

_____

_____

家园共育			
沟通对象	爸爸（　　）、妈妈（　　）、爷爷（　　）、奶奶（　　）、姥爷（　　）、姥姥（　　）、其他抚养者（　　）		
沟通时间	入园（　　）、离园（　　）、周一至周五（　　）、周末（　　）、随机（　　）		
沟通次数	一周（　　）次，两周（　　）次，一月（　　）次，随机（　　）次		
沟通形式	短信（　　）、电话（　　）、面谈（　　）、家访（　　）		
沟通内容 （表现、原因 和策略）			
预期目的			

典型案例

儿歌

活动案例

【教育漫谈】

早操活动的常见问题

孩子参加早操活动时兴致不高，有可能是老师选择和创编的早操活动出了问题，主要表现为：

1. 提供的运动器械较单一

有些幼儿园因为多种原因，如户外运动的空间较小、班级拥有的运动器械较少、教师精力有限等，在开展早操活动时为幼儿提供的运动器械较少，而且变化较少或常年不变，这样会直接影响幼儿对运动的兴趣，进而影响晨间锻炼的效果。

2. 不太符合幼儿年龄特点

有些教师在选择或创编幼儿基本体操时，对不同年龄段幼儿的身心特点与动作发展特点把握得不到位，导致幼儿体操成人化现象比较严重，动作难度偏大，致使幼儿对做操的兴趣减弱。

例如，为小班幼儿编操时，有些教师感觉太简单，因而加入了较多的队列队形变化，使幼儿较难掌握。还有一些教师从自身兴趣出发，编排了一些比较适合女生的舞蹈动作，使有些男孩不愿意模仿和学习。

3. 早操活动缺乏趣味性

一些教师掌握的动作素材较少，创编的体操内容较空洞，缺乏趣味性，这些都会导致幼儿对体操缺乏兴趣。

例如，在进行幼儿模仿操的创作中，很多教师只是针对动物模仿操进行了创编，而且都集中于小兔子、小青蛙等常见动物，久而久之就无法再吸引幼儿。而对于模仿操的其他类型，如运动模仿操、劳动模仿操、生活模仿操、游戏模仿操等都涉及不多。

4. 编排不够科学或比较随意

不少教师缺乏编排幼儿基本体操的专业知识，动作不够科学，对操节特点和运动量的大小把握不准。

例如，有的操节一开始就安排了很多跳跃动作，然后是腹背动作等，编排毫无科学性，只是单节动作的堆砌，不符合幼儿生理机能活动变化的规律。

（选自微信公众号"亿童学前教育"）

【教育箴言】

　　体育最要之事为运动。凡吾人身体与精神，均含一种潜势力，随外围之环境而发达。

——蔡元培

　　以下任务为自选，请同学们根据自己的学习情况进行选择。

　　1. 根据幼儿体操常见的动作，尝试设计一套幼儿园的操节活动，年龄自选。

　　2. 根据当地的文化特色，并结合幼儿的年龄以及动作特点创编一次完整的幼儿早操活动方案，年龄自选。

探寻二　集体教育

【活动情境】

启智幼儿园中（1）班教育活动已经进行了 2 个月，中班的婷婷老师在新的学期计划中已经设计了连续走、投掷、平衡木走以及跳跃等身体动作的训练，还剩下钻爬动作的练习。这一动作让婷婷老师犯了难，因为钻爬动作是综合性的动作，需要幼儿腿部和背部的动作一起协调进行，而且钻爬耗费体力，不同方位的钻爬练习重点也并不一样，活动设计难以一次性实现。幼儿对集体体育活动的参与性也不高，每次集体体育活动中，有一些小朋友总是不积极配合，或者觉得天气太热，或者在地上活动很脏，而且不喜欢体能锻炼，体育活动的积极性、参与度很差。

在班级绘本阅读分享活动中婷婷老师发现，小朋友们对《母鸡萝丝去散步》的绘本中母鸡和狐狸的故事很感兴趣，小朋友们还总是在班级表演区中模仿故事情节。婷婷老师突然有了新想法，把故事绘本的表演搬到了室外的游戏场地，将绘本内容与钻爬动作设计在一起。可是第一次的集体活动幼儿的参与性不高，这是因为婷婷老师只想开展体能动作练习，没有进行故事情境的创设，动作设计难度也没有层级变化，而且钻爬动作大部分时间是在地上开展的，家长对于此项活动的支持性并不高。

【活动目标】

尝试设计中班练习钻爬动作的活动方案。

【活动要求】

请根据活动情境，借助网络和课程教学资源，团队合作完成以下任务：
1. 分析中班钻爬活动难以开展的原因；
2. 修改婷婷老师的教育活动设计方案；
3. 制定激发幼儿参与钻爬活动的教育策略。

【活动实施】

任务一　幼儿难以开展钻爬活动的原因

年龄	生理原因	心理原因	家庭原因	其他原因
小班				
中班				
大班				

任务二　修改教育活动设计方案

活动名称	中班体育活动《母鸡萝丝去散步》（钻）		
年龄阶段	4～5	活动时间	
活动目标	认知目标	设置圈的高度、大小，顺利钻圈	
	技能目标	根据故事情境，探索钻圈的多种方法	
	情感目标	体验钻带的乐趣	
活动准备	经验准备：幼儿看过《母鸡萝丝去散步》的绘本，了解故事基本内容；有玩圈的经验； 物质准备：空旷的场地、圈、拱门、钻筒、垫子、篓子、绳子、母鸡和狐狸的图片若干、音乐		
活动过程	热身部分： （一）激发兴趣、活跃情绪 师：鸡宝宝们，和妈妈出去散步吧！不过路上要小心，不要被狡猾的狐狸发现了！ 1. 热身活动 主班教师带着幼儿听音乐模仿母鸡走上场，配班教师模仿狐狸跟在队伍后面。 动作说明：母鸡先走，然后保持一个动作不动；狐狸先上来，做找母鸡的动作（重复母鸡和狐狸的动作）。 2. 专项准备 幼儿站成六路纵队，师幼成做操队形，进行头部运动、手腕脚腕运动、肩部环绕运动、腰部运动、膝关节运动、压腿等，为钻圈做好热身活动。 基本部分： （二）绘本场景，体验故事 引导幼儿回想绘本故事，设置散步路线。 师：今天鸡妈妈想让小朋友们走在前面，想看看谁可以把散步路线记得最准确。 玩法：让幼儿按照对绘本故事的记忆自己走和钻。 （三）层层累加，发展能力 1. 教师出示圈，引导幼儿探索圈的不同玩法 师：今天鸡妈妈给大家准备了礼物——圈。想想，可以怎么玩呢？找一个空地试试，看看你能想到多少种玩法。 游戏玩法：幼儿在一定范围内，找一空地探索圈的不同玩法。在玩的过程中，教师注意观察、反馈幼儿的动作。比如，可以说："×××小朋友能够把圈套在脚上行走，真棒！" 2. 探索钻过挂在绳子上的圈的不同玩法 师：宝贝们，我们现在试试新的玩法，钻圈的时候要注意，尽量不要碰到圈，否则绳子上的铃铛发出声音，就会被狡猾的狐狸听见哦！ 玩法：幼儿六路纵队，每队从第一名开始，依次钻过挂在绳子上的圈，然后从旁边走回来排到队伍的后面，循环游戏。 3. 幼儿分组游戏，感受幼儿快乐 师：鸡宝宝们，你们可以独自出去散步了，路上小心狡猾的狐狸哦！ 结束部分： （四）稳定情绪，放松身心 师：今天我们玩游戏时，大家想出了很多的钻圈方法，真棒！希望大家在以后一起玩游戏的过程中可以有更多的方法，现在让我们大家一起来放松下吧！ 放松活动： 举一举呀，走一走；走一走呀，蹲一蹲； 蹲一蹲呀，摇一摇；摇一摇呀，真快乐！		
活动延伸	在幼儿熟练掌握钻圈动作后，教师可以对游戏的路线进行调整，比如圈的下方摆放平衡木或者大型积木，让游戏更加有挑战性		

修改建议

参考活动

任务三　激发幼儿参与钻爬活动的教育策略

教育策略	
活动内容	
活动准备	
活动方法	
活动内容 难度的设置	
活动内容 密度和强度	

教育策略：教育内容、方法和途径。

【活动总结】 组内自评

小组成员：＿＿＿＿＿＿＿＿＿＿＿＿＿　　　　日期：＿＿＿＿年＿＿＿＿月＿＿＿＿日

序号	活动内容	评价效果		
1	目标明确			
2	活动准备			
3	任务分工			
4	活动设计			
5	活动完成			

　　注：以教育活动设计评价指标（详见二维码）进行评价。评分档次统一采用 A（优秀）、B（良好）、C（合格）、D（努力）。

教育活动设计评价指标

【活动点评】

体育活动评价指标	
活动时间安排合理	大班 20~25 分钟
	中班 15~20 分钟
	小班 10~15 分钟
安全准备	活动前检查幼儿着装
	进行场地以及器械的准备
活动目标	设置合理，符合幼儿年龄特点
	符合幼儿园体育教育目标
活动准备	环境设置合理，幼儿可以根据环境设计进行自主锻炼
	提供充足的体育器材和自制体育玩具，满足幼儿活动需求
活动内容	设计合理，包括热身、基本以及结束部分
	内容符合幼儿动作发展特点和实际水平
活动方法	采用灵活方法引导幼儿积极投入身体素质练习
	寓体育活动于游戏之中，活动具有趣味性，避免枯燥练习
活动过程	过程中教师注重观察，及时调整活动量
	教师可以根据幼儿身体差异进行针对性指导
	活动中遵循由易到难、循序渐进的教育组织原则
	幼儿喜欢参与活动，积极性高，主动性强

　　请同学们根据以上评价指标，观摩体育教育活动并进行观摩评价与记录（需要视频）。

幼儿园体育教学活动观摩记录表				
年龄		时间		
				备注
体育教学活动过程				
观摩反思				

【活动反思】

通过上述活动任务，反思以下内容：

1. 你学到了哪些知识或技能？需要具备哪些职业素养？

2. 试一试绘制本次活动设计的知识网络图。

根据猫和老鼠的动画形象设计一节体育活动课，写出本次体育活动设计的活动目标、活动准备以及活动过程。

活动名称				
年龄阶段			活动时间	
活动目标	认知目标			
	技能目标			
	情感目标			
活动重、难点				
活动准备				
活动过程				
活动延伸				

【基础知识】

一、体育教学活动的含义

体育教学活动是教师有目的、有计划地专门针对某一体育活动内容的活动设计，是需要教师进行系统、科学的组织才能实施的教育活动。体育教学活动具有集中讲解效率高的优势，是幼儿园体育活动的基本组织形式。体育教育活动大多数在户外开展，不局限具体的活动场所与环境。

二、体育教学活动内容

学前儿童体育教学活动内容选择的原则包括幼儿身心发展规律、幼儿兴趣、社会发展的需求、因地制宜结合区域地方特点以及园所特点。

在体育教学活动中需要依据幼儿的身体和动作发展进行体育动作与内容的选择。幼儿动作的发展遵循大肌肉到小肌肉群、粗大动作到精细动作的顺序，根据动作发展的顺序，幼儿动作的学习遵循走、跑、跳、投掷、钻、爬、攀登的基本动作，基本动作的掌握是连贯性体育运动的基础。

幼儿基本动作的熟练掌握需要经过三个阶段，即动作的大致掌握阶段、动作的提高和改进阶段以及动作的熟练运用创作阶段，各个阶段相互联系不可分割。在幼儿动作学习的过程中不能操之过急，需要有计划地进行练习。

三、体育教学活动的方法

体育教学活动组织形式主要集体活动、小组活动和个别指导三种活动方式，每一种活动能可以带给幼儿不同的体育活动体验。

常见的体育教学活动的方法包括两大类：一类是语言类方法，例如讲解法、示范法、口头提示法和具体帮助法；另一类是行为类方法，例如练习法、游戏法、比赛法。

（一）语言类方法

1. 讲解法

教师先使用语言进行动作要领的讲解，帮助幼儿明确动作名称以及掌握核心动作。讲解过程中要注意：

（1）讲解语言符合幼儿认知发展水平，尊重幼儿身心发展特点；

（2）在讲解过程中教师语言要简单，与幼儿生活经验相联系；

（3）讲解过程突出重点，分解难点；

（4）注意讲解的时间分配，以及随时观察幼儿的学习状态，避免无效讲解。

2. 示范法

教师为了实现体育教育活动的目标，为幼儿提供正确的体育动作范例。常用的示范法分类包括完整示范和分解示范，也可以分为正面示范、侧面示范、镜面示范和背面示范。示范使用时需要注意：

（1）示范动作必须正确，示范过程需要配合语言解释。

（2）根据幼儿不同年龄进行有重点的示范，鼓励幼儿在示范的过程中模仿。

（3）示范的方向和位置要认真选择。幼儿园常用的示范有镜面示范和背面示范。镜面示范面对练习者做相反动作，左右相反；背面示范是面对练习者做相同动作。

3. 口头提示法

在体育活动练习过程中，教师用简单、明确的语言对幼儿进行提示和帮助的方法，如使用简单明确的动作指令，简洁明了。

4. 具体帮助法

在体育活动练习过程中，教师明确告诉面对活动出现困难的幼儿活动的要领以及注意事项，属于个别指导的教育形式。

（二）行为类方法

1. 练习法

为了实现教学目标，在活动过程中重复操作和练习。练习法是体育活动中最常见的活动方法，常用的练习法有重复练习法、条件练习法、完整练习法、分解练习法。

2. 游戏法

体育教学活动的练习通常比较枯燥，借助游戏情境或者游戏角色可以激发幼儿兴趣，促进幼儿积极主动参与体育活动练习。

3. 比赛法

幼儿的竞赛愿望在中班开始会有明显的发展，通过设计竞赛游戏和规则游戏可以激发幼儿参与活动的欲望；并且竞赛游戏可以让幼儿学会遵守规则，初步感受比赛规则、社会规则的重要性。

四、体育教学活动设计的步骤

完整的体育教育活动设计包括活动名称、活动目标、活动准备、活动过程、活动延伸五个主体部分。

活动名称需要清楚说明活动对象的年龄、活动的具体领域以及具体的活动名字，如中班体育综合活动：好玩的轮胎。具体的活动名字应该清晰明确指出活动中所开展的主要内容。如从"好玩的轮胎"这个名字中我们可以清楚知道体育活动的内容是围绕轮胎开展的活动。

活动目标的制定需要根据不同层级的活动目标，例如幼儿园教育活动总目标、年龄阶段目标、学年学期目标、月目标以及周目标。对于一节幼儿园体育活动，目标需要紧密依据月、周目标。目标制定需要明确、具体、操作性强。目标表述可以依据行为目标进行表述。行为目标需要具有核心行为、核心行为的范围或标准以及核心行为产生的条件，以此对目标进行清楚界定，可以依靠行为目标对体育教育活动进行调整与评价，从而确保体育教育活动高效开展。

活动准备工作内容较为细致，首先教育活动的准备包括幼儿知识经验准备以及活动材料准备。体育活动中幼儿需要有关于身体和动作发展的基本知识经验，以确保后续教育工作中知识内容能够连续开展。活动材料准备需要考虑体育教育活动的器械、场地、环境。

活动过程包括活动的开始部分、基本部分以及结束部分。各个部分活动任务、内容和时间占比分别不同。开始部分，教师需要准备简单的热身活动帮助幼儿舒展身体的各个关节，通过热身活动吸引幼儿注意力，激发幼儿参与体育活动的兴趣，并在组织过程中使幼儿明确活动的具体内容。常用的热身活动有队列和队形练习、简单的体操，活动时间不能超过总时长的10%。

基本部分是体育教育活动的核心环节，教师会讲授新的活动内容，进行重点体育活动内容的练习以及较难体育内容的讲解与练习；同时在重、难点的体育活动内容中，还可以设置不同的游戏活动、练习活动，帮助幼儿获得体育知识以及技能。活动时间通常不超过总时长的80%。

结束部分主要使幼儿身体从亢奋状态到放松状态，活动形式多样，但总体是保持幼儿逐渐有一个平稳的情绪状态。可以有慢节奏的肢体活动、体育器械的整理以及小组体育活动的总结与评价。活动时间不宜过长，不超过总时长的10%。

五、体育教育活动实施注意事项

（1）体育教育活动准备工作应该细致全面，器械、场地都应进行检查。

（2）教育方法应该灵活多样，既可以做到共性教育又可以兼顾到幼儿个性发展。

（3）体育活动过程中注意控制活动强度以及设置合理的活动难度。

（4）体育活动重在锻炼幼儿身体素质，增强幼儿身体机能，也需要重视体育教育过程中幼儿规则意识、个性品质的培养。

（5）注重对幼儿的个别化指导。

【知识链接】

幼儿动作发展
年龄阶段特点

体育游戏的
目标如何制定

请同学们根据体育教育活动的具体环节，梳理安全注意事项。

教学环节	安全事项
教学环境	
教学方法	
热身活动	
基本活动	
结束活动	

思考：

1. 根据课前案例，请同学们想想，如何对家长做工作，赢得家长对幼儿体育教学活动的支持？

2. 请同学们向处于假期中的幼儿以及家长提供家庭体育活动锻炼的建议。

_____

_____

_____

_____

家园共育	
沟通对象	爸爸（　　）、妈妈（　　）、爷爷（　　）、奶奶（　　）、姥爷（　　）、姥姥（　　）、其他抚养者（　　）
沟通时间	入园（　　）、离园（　　）、周一至周五（　　）、周末（　　）、随机（　　）
沟通次数	一周（　　）次，两周（　　）次，一月（　　）次，随机（　　）次
沟通形式	短信（　　）、电话（　　）、面谈（　　）、家访（　　）
沟通内容（表现、原因和策略）	
预期目的	

典型案例

儿歌

活动案例

【教育漫谈】

什么是快乐体育？

快乐体育是一种兴起于日本的体育思想和体育模式，它提倡学生在运动的过程中要获得关于从事该运动的兴趣和愉快的情绪体验，其本质是强调了人在体育运动中的主体性。这一教育思想契合了以人为本的时代精神，它将运动与人的终身发展联系起来。快乐体育运动不同意将体育运动视为被动的健身或者训练手段而使其失去运动本身的乐趣和魅力，它追求的是体育运动与个体终身发展的契合，以及个体在体育运动中良好的体验，它将体育运动的身体发展价值与社会价值结合在一起。幼儿园快乐体育运动是在人本主义教育思想指导下而发展起来的一种体育模式，这种体育模式充分把握了幼儿学习的整体性和具身性，将幼儿的主体性参与视为体育活动开展的基本前提，注重幼儿在体育活动中积极的情绪体验，以期真正做到寓教于乐。以情感体验和情感参与为先导的快乐体育运动能够提升幼儿对体育运动的参与深度，它不以技能训练为主要目的，而是通过刺激幼儿神经的多重反应来扩展幼儿的学习范畴，从而让幼儿在体育运动中不断从身体和动作的发展走向情感、经验、智力、行为等的综合发展，因而具有重要的发展价值。

（摘自：蒋晨，《幼儿园快乐体育运动的价值与组织策略》，学前教育研究，2021年第6期）

【教育箴言】

殊不知有健全之身体，始有健全之精神；若身体柔弱，则思想精神何由发达，或曰，非困苦其身体，则精神不能自由。然所谓困苦者，乃锻炼之谓，非使之柔弱以自苦也。

——蔡元培

以下任务为自选，请同学们根据自己的学习情况进行选择。

1. 根据幼儿不同动作发展特点，尝试设计一节体育教育活动，年龄自选。

2. 观摩一次体育教育活动，进行观摩记录并进行评教。

3. 以小组为单位，尝试围绕一个体育活动主题设计活动方案，包含主题网络图，以及不少于 4 个体育教育活动的目标、活动过程。

探寻三　游戏活动

【活动情境】

启智幼儿园的盈盈老师发现大（1）班的小朋友特别喜欢在户外体育游戏中进行追逐游戏，于是盈盈老师希望在户外体育活动中可以多方面促进幼儿身体运动能力的发展。为此，盈盈老师在户外投放了大量的体育器械，幼儿脚踏车、跳绳、平衡木等都成为幼儿喜欢使用的户外器械，小朋友一会儿骑车，一会儿走平衡木，但是过了一个星期，这些器械都无人问津。小朋友依依找到了水管，其他小朋友也找到了水管在沙坑中玩了起来。而这时妞妞把老师投放的呼啦圈用手扶着和它一起跑起来，还大声喊道："老师快看，我的呼啦圈跑起来了。"听到喊声的甜甜也赶紧跑了过来："呼啦圈还可以有其他玩法呢！"盈盈老师说："那让我们一起用呼啦圈找找新的玩法吧！"盈盈老师看到小朋友很开心，但是自己却很头疼，她发现小朋友对固定投放的器械并不能持续使用，相反来自生活、低结构的材料更受小朋友的喜欢。盈盈老师感觉自己组织的户外游戏很失败。

【活动目标】

在教师合理安排中，幼儿能够自主愉快开展户外游戏活动。

【活动要求】

请根据活动情境，借助网络和课程教学资源，团队合作完成以下任务：

1. 分析户外游戏组织失败的原因；
2. 设计户外游戏材料投放的清单；
3. 帮助盈盈老师设计呼啦圈的游戏活动。

【活动实施】

任务一 户外游戏组织失败的原因

项目	失败原因分析
材料投放	
环境设置	
教师指导	
其他因素	

任务二　户外游戏材料投放清单

游戏区	材料	使用目的
跳跃区		
钻爬区		
攀爬区		
沙水区		
绘画区		

任务三　创编呼啦圈游戏

要求：各小组完成任务后，选取本组代表展示游戏方案，时间 30 分钟以内。

项目		内容
游戏思路	1. 游戏名称	
	2. 游戏类型	
	3. 游戏动作	
	4. 游戏情节	
撰写游戏方案	1. 游戏目标	
	2. 游戏准备	
	3. 游戏玩法	

【活动总结】 组内自评

小组成员：_____　　　　　　日期：_____年_____月_____日

序号	活动内容	评价效果		
1	目标明确			
2	活动准备			
3	任务分工			
4	活动设计			
5	活动完成			

注：以教育活动设计评价指标进行评价。评分档次统一采用 A（优秀）、B（良好）、C（合格）、D（努力）。

【活动点评】

项目	评价要素
活动内容	1. 游戏内容适合幼儿年龄阶段； 2. 选择游戏活动主题明确，有明确动作发展目标； 3. 游戏设计新颖，具有趣味性、安全性、锻炼性
游戏目标	1. 动作发展目标明确，符合各个年龄阶段的动作发展目标； 2. 目标结构完整，体育游戏中重视幼儿社会性发展； 3. 游戏目标设置明确具体，可操作，可以根据游戏目标进行评价
游戏准备	1. 活动场地规划合理、区域划分明确； 2. 游戏材料安全卫生、简单易取； 3. 活动材料与目标、内容相匹配； 4. 满足幼儿游戏活动需要
游戏玩法	1. 介绍游戏名称，清楚讲解或示范游戏规则； 2. 游戏规则讲解语言清晰、音量适中； 3. 进行游戏角色分配； 4. 提醒游戏的安全事项
游戏过程	1. 游戏时间设置分配合理； 2. 游戏各个环节目标明确； 3. 游戏中教师进行观察以及游戏指导； 4. 游戏中幼儿可以根据游戏材料和环境自主操作； 5. 游戏器械使用率高、使用合理
幼儿表现	1. 积极参加活动、情绪愉快、精神饱满； 2. 在游戏中能够遵守游戏规则； 3. 游戏中能够实现游戏目标

【活动反思】

通过上述活动任务，反思以下内容：

1. 你学到了哪些知识或技能？需要具备哪些职业素养？

2. 试一试绘制本次活动设计的知识网络图。

根据体育游戏的相关内容，尝试设计一份幼儿户外自主体育游戏的观察计划单。

参考记录单

【基础知识】

一、体育游戏的含义

体育游戏是将体育活动和游戏进行结合的一种锻炼身体的活动，既满足幼儿游戏中自主自愿的特点，又可以让幼儿在活动中学会遵守规则、体验情节，是具有双重性质的活动。体育游戏类型繁多，可以激发幼儿参与的兴趣，以及达到体育锻炼的目标，在幼儿中非常受欢迎。

二、体育游戏的意义

（一）体育游戏可以促进幼儿社会性发展

体育游戏组织过程中需要幼儿与同伴、教师进行游戏交流与互动。在体育游戏过程中幼儿能够学会与社会群体的交往技巧，激发幼儿人际意识，从而积极促进幼儿社会性发展。

（二）体育游戏可以发展幼儿的规则意识

体育游戏顺利开展需要游戏规则的引导与制约。体育游戏规则可以帮助幼儿顺利参与游戏以及感受游戏快乐，并且将规则的重要性隐藏在游戏体验之中，避免教师的反复提醒，注重幼儿在游戏过程中的自我约束，从而提升幼儿对规则重要性的认识。

（三）体育游戏可以培养幼儿积极的情感意志

体育游戏的体验具有竞赛性，满足了幼儿的游戏体验。在游戏过程中，教师需要细心观察幼儿情绪体验并适时引导，引导幼儿树立正确的输赢意识，增强幼儿的体育精神，培养幼儿坚持、不怕困难的游戏品质，而这些游戏的体验都将发展幼儿积极的情感体验以及意志品质。

三、体育游戏的分类

体育游戏的分类见表4-3-1。

表 4-3-1　体育游戏的分类

分类标准	体育游戏内容
按照体育游戏使用动作	走、跑、跳跃、投掷、钻爬和攀登、平衡和悬垂等游戏
按照体育游戏使用的不同器械	球类游戏、圈类游戏、平衡板游戏、沙包游戏以及垫子类游戏等
按照体育游戏活动形式	接力游戏、追拍游戏、争夺性游戏、角力游戏和猜摸游戏
按照体育游戏组织形式	自主体育游戏和体育教学游戏
按照体育游戏发生的场合	室内体育游戏和户外体育游戏

四、不同年龄幼儿的体育游戏特点

小班幼儿体育游戏中动作单一并且较少，游戏情节简单。体育游戏规则少，规则中几乎没有惩罚，体育游戏的竞赛性不明显，游戏过程中没有实质性的合作。

中班幼儿体育游戏中动作增加且有变化，游戏情节与生活经验相关，游戏角色较为丰富。体育游戏的规则性增强，幼儿的规则意识明显，规则中出现惩罚。游戏中有合作、有竞赛，且关注输赢。

大班幼儿动作变化多样，喜欢有挑战性的游戏，并且喜欢尝试改编游戏进行游戏规则的设定；喜欢有智力性的体育游戏，如户外拼图；喜欢合作性游戏，如跳踩绳接力。

五、体育游戏的设计

体育游戏活动的开展需要教师在活动前进行精心的设计与安排。在体育游戏中幼儿既可以体验到游戏带来的快乐，也可以在教师的组织中积极参与身体锻炼。体育游戏活动的设计不是教师随意设定的，体育游戏内容的选择、过程的设置都需要在设计之前对幼儿进行细致全面的观察，并且体育游戏需要符合幼儿身心发展特点以及幼儿年龄阶段的目标。体育游戏的设计步骤如下：

（一）体育游戏名称

体育游戏名称必须与本次活动主题内容有联系。每一种体育游戏都会用幼儿不同的动作开展，但是体育游戏的设计一定是有重点的练习，所以体育游戏活动名称一定要能够显示出主要的体育活动内容。

（二）体育游戏目标

体育游戏目标需要清楚表述重点练习的动作，还需要明确发展的活动能力以及需要增强的身体素质。每次活动目标制定不能要求面面俱到，需要有所侧重，在身体锻炼的基础上可以促进幼儿品质的发展。

（三）体育游戏准备

游戏准备一般包括物质准备以及经验准备，物质准备是指对游戏场地、器械、环境布置、游戏角色头饰、衣服等的准备；经验准备是幼儿需要有相关身体经验、游戏情节理解、故事内容记忆等准备。

（四）体育游戏玩法

在游戏玩法中需要清楚写出游戏的情节和活动方式、游戏动作、游戏规则。

（五）体育游戏过程

游戏过程包括游戏前的热身活动。在热身活动后首先对幼儿进行分组。可以通过教师分配，如报数法等，也可以让幼儿自行组合。接下来，组织游戏活动。第一环节是介绍游戏的规则、角色和情节，通常游戏规则可以用教师讲解、演示以及教师讲幼儿配合示范的方法。第二环节是幼儿开始进行游戏活动，教师可以采用多样的组织方式引导幼儿进行游戏，也可以改变情节以及规则，以增强幼儿参与体育游戏的积极性，从而达到体育锻炼的目的。最后是游戏的结束阶段。结束阶段是提供给幼儿的缓冲阶段，使幼儿可以在此过程中调整身体状态，情绪缓和。教师需要对幼儿的游戏过程进行评价，并组织幼儿整理游戏材料。

体育游戏过程中教师是重要的组织者、支持者和引导者，而这些重要价值的实现都离不开教师在体育游戏过程中对幼儿认真细致且全面的观察，因为在体育游戏过程中，没有观察就不会有针对性的指导策略，全面的观察也是教师评价幼儿体育游戏的源泉。

六、户外体育游戏

户外体育游戏是幼儿园常见的体育锻炼形式之一，是在早操活动外，幼儿另外的户外活动。户外体育游戏活动可以是幼儿自主的游戏活动也可以是教师组织的游戏活动，但是目前户外游戏活动较多的是幼儿自主的游戏活动，是以幼儿兴趣为出发点，以幼儿身体锻炼以及经验增长为目的，教师为幼儿提供有准备的环境和材料支持，并根据游戏的观察记录对幼儿进行引导。

户外体育游戏对幼儿具有重要的作用。首先，户外环境有利于幼儿的成长发育，温室的幼儿经不起风吹雨打，真实的户外环境可以提高幼儿的身体素质，锻炼强壮的身体。其次，户外环境可以满足幼儿的探究欲望与好奇心，在幼儿的眼中充满了新奇的事物，户外活动让他们用自己的身体去感知，用自己的脚步去丈量，这就是鲜活的教育内容。最后，户外环境的学习是合作的学习，发现问题的可以是一个幼儿，但是讨论问题的一定是一群幼儿，这可以促进幼儿的合作、探究学习。

（一）幼儿园户外环境的创设

幼儿园的户外环境充满了趣味性，设置不同类型、规格器械设施都是以幼儿身心发展特点为出发点的。环境中也充满了挑战性，户外设施的大小高低，让幼儿在不同的体验中感受挑战的快乐。户外环境需要有自然性，四季变化、花鸟虫鱼是幼儿生活中最直接的体验，我们应将环境的自然属性呈现给幼儿，增强户外环境创设的自然性，让幼儿从自然中学习。户外环境创设不能忽略变化的必要性，幼儿的兴趣是多样的，环境的生成与创设也应该要有改变。

户外区域类型多样，大致区域有走跑区、跳跃区、钻爬区和攀爬区。

走跑区通常利用幼儿园狭长空间或对闲置的空间场地进行改造，如走廊可以进行走的场地规划，草地、缓坡之间进行走跑活动。

跳跃区的场地要求较多。由于幼儿身体发育并没有完全，对身体控制能力不强，特别是对膝关节、脚踝部位控制弱，跳跃场地需要柔软、平整、宽阔，能够有较好的弹性为幼儿提供缓冲。跳跃场地首选橡胶，其次选择塑胶水泥或者地砖场地。

钻爬区可以联合设在塑胶场地、草地以及坡地等不同场地，设置器械（例如梯子、木板等）以及结构性完整的大型积木进行钻爬活动。

攀爬区要有斜面攀爬和垂直攀爬，攀爬场地必须有弹性，并且地面柔软平整，在周围需要设置缓冲区以保护儿童缓冲落地。攀爬练习时要注意难度把握，注意控制合理的攀爬角度，选择适宜的攀爬材料。

（二）幼儿园户外材料

幼儿玩时很少是空着手玩的，他们必须在许多玩具的帮助下才能玩得起来，才能满足玩的欲望。体育材料可以激发幼儿玩的兴趣，幼儿的学习就是在与材料的互动中开展的。幼儿在玩的过程中通过操作各种事物，促进认知的发展；通过探索，锻炼观察力、注意力，促进思维的发展。同时体育活动材料是幼儿社会性发展的媒介，幼儿通过材料的使用、交换以及合作，提升幼儿的社会交往技能。

体育户外材料的类型多样，按照体育材料的规模大小分为大型体育材料和中小型体育材料。大型体育材料一般是固定设置在特定的体育场地，其类型见表4-3-2。

表4-3-2 大型体育材料类型

适用年龄	材料类型	材料名称	材料功能
3~6岁	摇摆类	秋千、海盗船、摇摆椅、悬挂软梯或绳索	增强感知觉能力、抓握能力
3~6岁	滑行类	滑梯、悬挂缆车、下滑车道	增强感知觉能力
3~6岁	旋转类	转椅、旋转木马、转轮	增强感知觉能力

续表

适用年龄	材料类型	材料名称	材料功能
中大班	平衡类	平衡木、平衡架、平衡软网、单（双）绳桥、平衡桥	增强感知觉能力和身体控制能力
中大班	钻爬类	大型圆筒、多面体空洞、地道	增强全身力量，促进身体协调能力
中大班	攀爬类	攀岩墙、攀爬网、攀爬桥、吊桥、单双杠	增强全身力量，促进全身协调能力
中大班	投掷类	篮球架、固定孔洞	促进手眼协调能力、身体控制能力
中大班	奔跑类	固定原地的滚动滚筒	增强下肢力量
3~6岁	跳跃类	蹦床、海洋池	增强感知觉能力、下肢力量

（摘自：汪超，《幼儿园体育材料设计与运用150例》，中国轻工业出版社，2015年）

中小型体育材料主要包括成品体育材料、创造性材料及组合式体育材料。成品体育材料包括专属性体育材料和非专属性体育材料，其中专属性体育材料是为幼儿锻炼身体而生产的器材，主要类型见表4-3-3。

表4-3-3 专属性体育材料类型

专属性体育材料	类型
滚动类	各种球类、各种脚踏车、拖拉玩具、滚铁环材料、滚筒、各种滚动玩具
旋转类	不同的陀螺、空竹、竹蜻蜓、旋转盘
行走类	高跷、脚踏板（石）、平衡木、同步鞋
跳跃类	羊角球、蹦跳球、布袋、蹦床、绳子、跳箱、音乐毯、垫子
投掷类	闪光球、垒球、弹力球、保龄球、气排球、伸缩球、降落伞、分盘、沙包、吸力镖靶、吸力弓箭、回力标、套环、粘粑球
钻爬类	脚蹼、呼啦圈、隧道筒或圈、障碍拱门、组合迷宫球
上肢力量类	台球、高尔夫球、曲棍球、弹力绳、哑铃、儿童拉力器或绳、球拍、击打玩具
建构类	木砖、木条、木架，不同类型积木、镶嵌塑料板、拼板、沙坑类
多用途类	各种球类，如气球、绒球、响铃球等

（摘自：汪超，《幼儿园体育材料设计与运用150例》，中国轻工业出版社，2015年；王潇，《幼儿园健康教育与活动设计指导》，华东师范大学出版社，2015年）

常见的非专属性体育材料与幼儿生活经验紧密联系，是幼儿体育游戏活动材料的重要补充，生活材料直接应用在幼儿游戏活动中，增强户外游戏互动的体验性与直观性。幼儿使用生活材料不应被限制，在符合安全、卫生的原则基础上，可以让幼儿进行合理使用。常见的非专属性体育材料主要包括厨房生活类、盥洗室生活类、卧室生活类以及产品生产类。

创造性体育材料，是指教师根据体育运动需要进行加工创造的材料，一般在成品体育材料中进行或者运用非专属材料进行设计创造。

组合式体育材料是指将不同体育材料进行组合，从而实现体育材料功能的深入发展。体育材料组合是利用不同材料的不同功能，实现材料之间的功能互补。体育材料组合形式多样，没有固定的模式，材料组合需要对材料清楚了解，明确组合材料所要实现的体育游戏目标，从而设计出更适宜的体育游戏。

（三）户外体育游戏材料投放策略

户外体育游戏材料的投放不是材料的随意堆砌，而是需要结合幼儿体育活动发展需求、幼儿兴趣、年龄特点，以及当地的地域和季节气候等因素进行综合设计。

1. 评估分析户外环境

结合园所已经规划的场地条件，进行整体考虑。不同区域投放不同材料，坚持动静互补、干湿互通、相互合作。

2. 确定户外体育游戏内容

体育游戏内容可以增强幼儿的身体素质，不同游戏内容提供不同的体验。教师虽然不能决定幼儿游戏内容，但是可以提供给幼儿有准备的游戏材料以及游戏形式。准备内容可以来自体育游戏预设的活动目标，也可以是为了促进幼儿基本动作或身体综合能力发展而设定的目标。

3. 体育游戏材料的选择

体育游戏材料的选择将面临多种用途，可以为达到一物多玩的体育游戏的材料选择，为某个固定游戏情景进行选择，为实现特定体育技能以及为综合性体育活动进行材料选择。

（四）体育游戏活动的观察

教师需要在体育游戏活动中进行实时观察，观察法是体育游戏活动中最常用的方法。依据观察法使用的不同场合以及用途，其分类方式有很多，在体育游戏活动常用的观察法包含扫描观察、定点观察以及追踪观察。其中，扫描观察是对户外游戏的幼儿平均分配时间，在相同时间段对每个幼儿轮流进行观察，通常在游戏开始或者结束时选用较多。定点观察是教师可以固定在游戏中的某一地点进行观察，见什么观察什么，只要在此区域开展活动的幼儿都是观察对象，属于固定地点不固定人。特别适合观察特定主题或者区域幼儿游戏表现，可以收获实时信息，掌握幼儿的材料使用情况、交往情况，以及对游戏情节和规则的理解情况。追踪观察是指教师选定1~2个幼儿作为游戏观察对象，观察他们在游戏中的活动情况，教师的观察目光随着幼儿的移动而动，是固定人而不固定地点。教师选择合适的体育游戏观察方法后，还需要对体育游戏进行观察信息记录，体育游戏的记录具有动态性，可以使用录像记录活动过程。

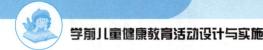

（五）体育游戏活动组织

（1）注意游戏活动过程中对幼儿进行观察与指导。

（2）提醒幼儿在游戏活动中需要遵守规则。

（3）游戏活动中需要关注幼儿身体的疲劳程度，实时调整游戏强度。

七、体育游戏创编

体育游戏创编在幼儿园体育游戏中非常普遍，有对传统民间体育游戏的创编，也有对当下体育游戏活动的创设。体育游戏创编已经成为幼儿园教师不可或缺的技能。体育游戏设计通常包括体育游戏名称、体育游戏目标、体育游戏准备、体育游戏玩法（游戏动作、游戏情节、活动方式和游戏规则）、体育游戏过程。

一般体育游戏活动的创编围绕体育游戏玩法进行，也可以围绕动作和器械、游戏情节和活动方式、游戏规则和游戏细节进行。

（一）动作和器械的创编

动作和器械的创编是体育游戏活动创编的基础。动作和器械的选择需要结合体育锻炼的目标进行设置，以及结合幼儿年龄特点进行选择。如小班幼儿已经玩过了"拖小车"的游戏活动，在创编过程中将"拖"的动作改成"推"的动作，或者将"小车"改为"滚筒"。游戏动作的创编还需要立足幼儿兴趣需求，增强游戏的趣味性和刺激性。

（二）游戏情节

游戏情节来自幼儿的生活内容，游戏情节的设计从幼儿身心特点出发，结合幼儿感兴趣的事情。体育游戏情节创设往往不是单一形式，可以进行情节之间的组合，游戏情节需要具有创意。游戏情节的设计需要有清楚的逻辑顺序，情节发展要合理。游戏情节设计可以用多种方法，通常有：

故事法，利用幼儿生活中感兴趣的故事内容进行游戏情节创设，如故事《大风和太阳》，利用风和太阳比赛的形式进行游戏情节创设。

事件法，通过将日常生活发展的事情进行提炼，进行游戏故事改编，如生活中收发快递，可以创设运输、交通等相关游戏情境。

器械法，根据器械操作特点进行游戏情节的设计，如平衡木、呼啦圈都会有相应的游戏情节设计特点。

角色提炼法，是根据角色自身的特点进行游戏情节设计，如根据螃蟹横着走的特点设计游戏情节。

（三）活动方式

体育游戏活动方式多样，可以有集体活动、小组活动以及个别活动形式。活动过程中有自由式游戏探索、竞赛式游戏、合作式游戏，活动方式根据幼儿兴趣需要及时调整。

（四）游戏规则

游戏规则可以依据已有游戏活动进行设计改编，游戏规则改编需要遵循幼儿的认知理解范围，需要符合幼儿游戏意愿。特别是大班幼儿游戏规则的制定可以交给幼儿进行自主商议设定，教师可以帮助幼儿进行记录，确保规则合理性。需要注意游戏规则要符合生活经验常规，保证游戏规则安全。

【知识链接】

体育游戏中如何满足幼儿自主体验？

传统民间游戏

小组讨论完成以下任务：体育游戏组织注意事项。

体育游戏类型	安全注意事项

2020年爆发了新型冠状病毒的传染疾病，疾病扩散很快，为了尽快抑制病毒，阻断疾病传播，幼儿园停止了线下教学，小朋友都待在家中不能外出。请同学们结合家庭中的环境与材料为家长与幼儿提供家庭体育亲子活动。

家园共育	
沟通对象	爸爸（　　）、妈妈（　　）、爷爷（　　）、奶奶（　　）、姥爷（　　）、姥姥（　　）、其他抚养者（　　）
沟通时间	入园（　　）、离园（　　）、周一至周五（　　）、周末（　　）、随机（　　）
沟通次数	一周（　　）次，两周（　　）次，一月（　　）次，随机（　　）次
沟通形式	短信（　　）、电话（　　）、面谈（　　）、家访（　　）
沟通内容（表现、原因和策略）	
预期目的	

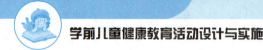

典型案例　　　　　儿歌　　　　　活动案例

【教育漫谈】

民间体育游戏中蕴含的幼儿教育价值

在幼儿园中，教师不仅可以利用民间体育游戏来促进幼儿身体发展，还可以通过民间体育游戏促进幼儿与幼儿之间、幼儿与成人之间的情感交流，以及帮助幼儿来了解传统习俗，学习传统文化。因此，民间体育游戏中蕴含幼儿教育价值。

1. 民间体育游戏具有健康教育的价值

民间体育游戏与体育游戏一样，具有锻炼身体的功能。幼儿在愉悦的游戏体验中，通过跑、跳、爬、投掷等行为，让大、小肌肉得到了训练。同时，游戏的趣味性也弱化了幼儿对于速度、高度和困难的恐惧，增强了幼儿的信心，激励着幼儿挑战难度系数更高的游戏任务，从而有助于幼儿坚毅性的培养，从小养成不怕吃苦、不畏险阻的精神品质。如跳竹竿游戏，由于具有节奏欢快、变化多样的特征，这不仅考验幼儿对韵律和节奏的把握，还考验肢体协调和反应能力。同时，民间体育游戏能够影响儿童的人格和心理的发展。作为以愉悦身心为主要目的而进行的游戏形式，民间体育游戏不仅能够增强儿童体质，而且能够传递快乐，更符合促进儿童身心共同发展的健康理念。

2. 民间体育游戏具有传递社会情感的价值

民间体育游戏由生活习俗传承而来，是一个民族源远流长的共同记忆，代表着不同阶段民众的生存状况。同一个民间体育游戏包含着相似的游戏情境，可以打破成人与幼儿的年龄隔阂，拉近成人与儿童之间的距离。如大家熟悉的游戏"老鹰抓小鸡"游戏，它承载了数代人的童年回忆。在游戏过程中，扮演母鸡的成人要保护扮演小鸡的幼儿，让人联想到母亲对孩子无私的爱，而扮演小鸡的幼儿一起躲避扮演老鹰成人的追捕，也让幼儿更加深刻地感受到了面临危险时应具备的团结精神。可以说，民间体育游戏不仅增进幼儿与幼儿之间的关系，也增加了儿童与成人之间沟通和交流的机会，有利于儿童养成相互理解、懂得谦让的亲社会行为。

3. 民间体育游戏具有传承文化的价值

民间体育游戏是在一定的时代背景下产生的，反映了当时的休闲娱乐方式以及社会文化风尚。因此，"民间体育游戏代表着文化心理和民族时代精神，也是传统文化的重要载体"。通过参加民间体育游戏，幼儿能够跨越时间的维度以体验过往生活的习俗特色。所以，幼儿参与民间体育游戏也是进行传统文化学习的过程。如踩高跷是古代人们模仿仙鹤动作而进行的表演，后来发展为幼儿园里的一种游戏。幼儿在平衡身体的同时，可以体验因克服困难而获得成功的快乐，还可以感受到古人对仙鹤优雅形态的欣赏态度。

综上，民间体育游戏不仅是传统文化的载体，且有利于传统文化的传承与创新，而且蕴含着丰富的幼儿教育价值，对幼儿身心发展起着重要的意义。尤其是民间体育游戏拥有丰富的内容以及多种多样的形式，符合幼儿的兴趣和发展需要，能够成为促进幼儿成长发展的有效活动内容。因此，挖掘民间体育游戏所蕴含的儿童教育价值要与儿童哲学相联系。

（摘自：沈明泓、蔡宗秀，《民间体育游戏对儿童教育价值的哲学思考》，成都师范学院学报，2021年第3期）

【教育箴言】

幼稚园最重要的课程，就是怎样能使儿童多做游戏，多活动身体，并且使娇嫩的心灵多得到快乐。

——陈鹤琴

1. 通过视频、文本以及相关历史资料梳理中国民间体育游戏的类型及内容。
2. 选取民间体育游戏相关素材，尝试创新设计民间体育的新玩法。

一、选择题

1. 下列最能体现幼儿平衡能力的活动是（　　　）。

A. 跳远　　　　B. 跑步　　　　　C. 投掷　　　　　D. 踩高跷

2. 以下属于大班幼儿运动发展水平的是（　　　）。

A. 双手向上抛球　　　　　　　B. 能连续拍球

C. 能连续自抛自接球　　　　　D. 能跨过有一定高度的物体

3. 学前儿童体育活动的主要内容有（　　　）。

A. 基本动作及游戏　　　　　　B. 基本体操和队列队形

C. 器械类活动　　　　　　　　D. 其他形式的活动

4. 动作技能的形成需要经历（　　　）三个阶段。

A. 粗略掌握动作—动作的巩固和运用自如—改进和提高动作

B. 粗略掌握动作—改进和提高动作—动作的巩固和运用自如

C. 粗略掌握动作—动作的反复练习—动作的巩固和运用自如

D. 粗略掌握动作—动作的巩固和运用自如—动作的反复练习

5. 信号法是指用（　　　）等声响来帮助和引导幼儿进行身体锻炼的方法。

A. 口令　　　　B. 哨音　　　　C. 鼓声　　　　　D. 音乐

二、实操题

踢毽子是中国民间传统运动项目之一，根据史料记载和出土文物证明，它起源于中国汉代，唐宋时期开始盛行，在民间流传极广。毽子的踢法主要有"盘、拐、绷、蹬、挑、磕"六种，用脚内侧踢为"盘"，用脚外侧踢为"拐"，用脚面踢为"绷"，用脚掌踢为"蹬"，用脚趾踢为"挑"，用脚后跟踢为"磕"等。请围绕毽子这一民间游戏材料进行相关体育活动的设计。

要求：需要根据幼儿的动作发展阶段设计出幼儿喜欢的方式与玩法。

请回顾主题四的学习过程，写下你的反思和感悟，说说对教学的意见，提出你对自己下一主题学习的期待。

_____

_____

_____

主题五 主题教育活动

素质目标

1. 树立"安全为首"的跨领域整合教育理念；
2. 提升幼儿主题活动教育的综合职业素养；
3. 注重家园社区多方合作共育的意识。

知识目标

1. 理解主题教育的内涵；
2. 认识幼儿园主题教育的意义；
3. 明确影响幼儿园主题活动的因素。

技能目标

1. 能够观察和评价主题教育活动；
2. 能够有序组织主题教育活动；
3. 能够解决主题教育活动常见问题。

教育漫话

阳光幼儿园9月的主题活动是"嗨，你好"。在9月，幼儿离开爸爸妈妈的怀抱，成为一名幼儿园的小朋友了。进入了一个新环境，我们相互轻轻地说一声："嗨，你好"来消除内心的不安，探索幼儿园里每一个角落的奥秘，找到让自己安心的那个地方。

本月的主题活动可以采用各种活动的形式，如游戏、区域、生活、集体等活动，我们共同开启小班的新生活。在活动中，幼儿和爸爸妈妈一起采摘葡萄，和小池塘的鱼儿、乌龟做游戏，在沙坑中找寻宝贝，去屋顶的花园晒太阳，在小兔家里认识他的家人，在草丛中找蜗牛……相信幼儿在这样的生活和学习中一定能够顺利地适应幼儿园的生活。

主题活动是整合幼儿园各领域教育的重要形式，它与在新的教育理念指导下的分领域活动同时存在。从幼儿认知学习特点来看，幼儿的概括能力还是较弱的，认识和理解事物的方式常常是粗浅的、表面的。主题教育活动一方面能够有效调动多种教育元素并使之交互作用，从而多角度地与幼儿的已有经验建立联系；另一方面能够兼顾群体需要和个体差异，使每个幼儿都能找到适宜的学习内容和方式，进而调动幼儿学习的积极性、主动性和创造性。

此外，随着《纲要》精神的贯彻落实，人们逐步认识到，幼儿教育应淡化知识教学，注重幼儿情绪、情感、态度、习惯的体验与养成，这一转变既是对幼儿特点的高度尊重，又是幼儿教育改革的重要导向。主题活动能够充分调动幼儿的多种感官，并形成多种体验方式，这种复合式活动，在促进幼儿全面发展的教育中具有十分重要的意义。

探寻一　安全教育活动
——安全防护我知道

【活动情境】

阳光幼儿园教研活动中，各班级老师分别在分享自己班级最近的各项教学活动以及各项问题反思。

月亮老师说道："一次户外活动结束后回到教室，我要求小朋友先上洗手间然后再喝水。当时班里的其他老师都在洗手间帮助小朋友整理衣物，没有注意到有几个小朋友上完厕所后已悄悄来到保温桶前倒水。因为天还有点寒冷，当时饮水机的热水开着，我们班的果果在家里是个'小公主'，被大人们照顾得细致入微，因为不知道如何正确使用饮水机，果果在倒水时不小心被保温桶的热水烫伤。"

话音还没落，桃子老师也说道："我们班的天天和浩浩向来吃饭速度较快，今天也不例外，赶着争第一。午餐后问我吃完后到哪里散步，想想这俩孩子平时的表现都很不错，又会照顾自己，于是我放心地告诉他们拿好自己的玩具，到走廊上一边晒太阳一边坐在板凳上玩玩具。俩孩子听后兴高采烈地抱着各自的玩具走了，但是还没两分钟，我想去了解孩子的活动状况，哪晓得还没走近孩子，浩浩就摘下眼镜哭丧着脸向我来诉苦，说他和天天因争抢玩具，不小心把天天推倒，眉角被蹭破了皮。仅一眨眼工夫，便能出现这种事情。不幸中的万幸是没伤到眼珠，但也让人不寒而栗！"

玲玲老师也说到了她们班小朋友午休把芭比娃娃小贴纸放在嘴里玩的事情，想到万一她没发现，孩子可能就把贴纸吃进肚子里了。如果玩的是珠子、小铁片等更危险的物品呢？老师们听了都不禁后怕。

【活动目标】

引导幼儿能够掌握基本的安全知识和技能，提高识险和避险能力，逐步增强自我保护意识。

【活动要求】

请根据活动情境，借助网络和课程教学资源，团队合作完成以下任务：

1. 了解幼儿安全教育包括哪些内容；
2. 设计合理的安全教育活动方案；
3. 从多方面提出实施幼儿安全教育的策略。

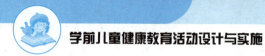

【活动实施】

任务一　幼儿安全教育的内容

场景	安全隐患或潜在危险	安全教育内容

任务二　幼儿安全教育活动方案

要求：各小组完成任务后，选取本组代表展示教育活动方案，时间 30 分钟以内。

活动名称			
年龄阶段		活动时间	
活动目标	认知目标		
	技能目标		
	情感目标		
活动重、难点			
活动准备			
活动过程			
活动延伸			

任务三 幼儿安全教育策略

序号	内容	教育途径	教育策略
1	生活安全	一日生活	
2	身体安全	集体生活	
3	心理安全	游戏活动	
4	运动安全	体育活动	
5	交通安全	区域活动	

教育策略： 教育内容、方法和途径。

【活动总结】 组内自评

小组成员：_____　　　　　　　日期：_____年_____月_____日

序号	活动内容	评价效果		
1	目标明确			
2	活动准备			
3	任务分工			
4	活动设计			
5	活动完成			

注：以教育活动设计评价指标（详见二维码）进行评价。评分档次统一采用 A（优秀）、B（良好）、C（合格）、D（努力）。

【活动点评】

序号	评价内容	自我评价	组间评价	教师评价	综合评价
1	规范操作				
2	完成质量				
3	完成速度				
4	参与主动				
5	沟通协作				
6	展示汇报				

注：以教育活动展示评价指标（详见二维码）进行评价。评分档次统一采用 A（优秀）、B（良好）、C（合格）、D（努力）。

教育活动设计评价指标

教育活动展示评价指标

【活动反思】

通过上述活动任务，反思以下内容：

1. 你学到了哪些知识或技能？需要具备哪些职业素养？
2. 试一试绘制本次活动设计的主题网络图。

幼儿园不同年龄段的孩子身心发展的状态不一样，因此我们必须根据幼儿的年龄特点和实际情况开展内容不同的安全主题教育活动。

1. 小班安全主题教育活动内容

小班的幼儿在认知能力和运动能力方面已经相应地提高。他们擅于模仿，也能够认识一些简单的汉字、数字等。对这一阶段幼儿的安全教育要以引导和示范为主，应该根据其心理特点开展一些常规的安全教育主题活动。比如：让他们懂得遇到危险时应拨打110电话报警；帮助他们记住自己家庭住址和父母的名字和电话；学会看红绿灯、走斑马线，不在马路上乱跑；学会外出时抓紧家长的手。教师应该多创设简单的情景，在游戏中模仿和演练，帮助幼儿树立安全意识，掌握基本知识。

2. 中班安全主题教育活动内容

中班的幼儿在小班幼儿的基础上思维更加活跃，行动力逐渐增强且有方向性，自控能力也相对有所提高。此时，教师应引导幼儿记住常用的安全电话，如报警电话110、急救120、火警119等，并学会根据实际情况拨打。每月至少开展一次交通安全、食品、防溺水等主题教育活动，通过活动认识各种安全标志，做到不随意在马路上逗留、不私自到有水源的地方玩水、不玩火等，学会简单止血、包扎伤口等技能，进一步增强幼儿自我保护意识。

3. 大班安全主题教育活动内容

大班的幼儿已经具有一定的抽象思维能力，对事物的理解能力也逐渐增强。此时，教师应该多广泛开展一些安全主题教育活动，通过情景创设、实践操作等形式教会幼儿懂得辨别危险并主动远离危险和一些必要的自我保护手段。比如不直视电焊发出的光，放风筝时远离高压电线，不玩插线板，不给陌生人开门，远离放鞭炮的地方并捂住耳朵，发生火灾时要用湿毛巾捂住口鼻等。

4. 其他形式安全教育活动

幼儿园不仅要开展以上各年龄段幼儿的安全主题教育活动，而且还要不定期地开展"防地震""消防演练"等，比如邀请交警叔叔入园开展"交警进校园"主题活动。组织幼儿及家长到消防部队实地参观，进行社会实践活动等。通过多形式、多角度地开展活动来拓宽幼儿的视野，从而增强幼儿的安全意识。

思考：开展了这么多有关学前儿童安全的活动，不管是集体活动、小组活动，还是区域活动，我们在具体实施的过程中，有哪些实施要点？

_____

_____

_____

_____

【基础知识】

一、学前儿童安全教育的内涵

《纲要》明确指出："幼儿园必须把保护幼儿的生命和促进幼儿的健康放在工作的首位。要为幼儿提供健康、丰富的学习和生活活动，要让幼儿知道必要的安全保健知识，学习保护自己。"可以看出学前儿童安全教育是幼儿园教育活动中的核心内容。

安全是人类最基本最重要的需求，安全就是生命。安全教育一直是幼儿园高度关注的问题，有时可能也是最头痛的问题。近年来幼儿园不安全事件频频发生，意外伤害已成为影响幼儿健康成长的第一号杀手。安全是儿童生存的基本保障，是所有儿童的基本权力，如何采用安全措施，防范各种事故的发生已成为我们当前刻不容缓的使命。活泼好动是幼儿的天性，幼儿园安全教育，是传递基本的安全知识和技能、提高识险与避险能力、增强自我保护意识的教育。由于幼儿缺乏生活经验、自我保护能力较弱、安全意识薄弱，往往会忽视生活中的危险，导致安全事故的发生，因此对幼儿实施安全教育显得十分必要。结合幼儿的发展规律和认知特点，我们把安全教育渗透到幼儿教育的主题活动中，交织在幼儿一日生活中的各个环节，达到培养幼儿安全意识、提高幼儿自护能力的目的，促使每一个幼儿健康愉快地成长。

二、学前儿童安全教育的意义

（一）加强幼儿的安全认知

学前儿童因为年龄较小，对安全认知不够，对所有的事物都充满好奇心。到了幼儿园阶段，孩子越来越希望摆脱大人的限制，总是喜欢到处摸摸，甚至对于一些他们认为感到新鲜的东西，直接拿到嘴里去尝，这些行为给孩子的安全埋下很大的隐患。因此，教师在幼儿园教育中，首先要开展相关安全教育加强幼儿的安全认知，使得幼儿明确哪些是安全的、哪些是危险的，具备初步的安全认知能力。同时，在提高幼儿安全意识的同时加强教师的安全意识，为幼儿的健康成长提供良好的保障。在平时的安全教育中，教师一定要善于观察幼儿的日常行为，逐渐提高幼儿的安全认知。比如在活动情境中果果小朋友接热水被烫伤后，教师就应从这个偶然的事件中开展相关安全教育，这样就可以起到良好的效果。再比如让幼儿熟练掌握交通规则，了解交通中各种标志的意义，特别是关于红绿灯的知识，让幼儿严格遵守相关的交通规则。

（二）提高幼儿的自我保护能力

幼儿一般自我保护意识比较薄弱，在遇到了危险之后，在自我保护的能力和体力上都有限，遇到危险无法独立应对，对突发事件，也缺乏准确的判断。因此，教师在安全教育中，需要通过具体的教育活动实施，使幼儿掌握自我保护的方法和技巧，从而有效提高幼儿的自我保护能力。不仅如此，还有必要加强幼儿的体育锻炼，不断增强幼儿的身体素质。此外，还要开展一系列的安全教育活动，帮助幼儿提高自我保护能力。比如在幼儿园教育中，可以进行重复性的安全教育，锻炼幼儿的随机应变能力，使幼儿对某种危险的情况产生条件反射。比如开展应急演练等活动，反复强调和操练，让幼儿提高自我保护的能力。

（三）帮助幼儿养成良好的习惯

幼儿安全事故的发生，还有一部分原因是没有建立起良好的生活习惯。比如走路的时候东张西望、不遵守相关的交通规则等，这些都是引发幼儿安全事故的原因。因此，幼儿园开展安全教育，可以起到帮助幼儿养成良好生活习惯的作用。在一些主题安全教育中，幼儿园还可以积极和家长以及社区一起合作，发挥教育合力。教师要加强与家长的沟通，让家长了解学校的安全教育活动，以便在日常家庭生活中也能有意识地培养幼儿处理危险的能力。

（四）有效维护家庭的和谐

随着现如今对学前教育的不断重视，很多父母将所有的心思都放在他们的孩子身上。孩子在幼儿园的时候，有幼儿园老师的照顾，在家里有长辈的照顾，但是，如果孩子脱离了老师和长辈的监护，当危险来临时，往往就会出现束手无策的局面。因此，组织开展一系列安全教育活动，保障幼儿的安全，从大的方面来看，也起到有效维护家庭和谐的作用。

三、学前儿童安全教育的内容

（一）生活安全教育

在幼儿的一日生活中，教师已经为幼儿创设了较为温馨安全的教育环境，减少了大量的危险隐患，但还是不可避免地发生一些预料外的状况。因此，要加强幼儿日常生活安全教育，引导幼儿了解生活中最基本的安全知识和技能，掌握基本的安全自护方法，培养幼儿的自我保护能力（见表5-1-1）。

表5-1-1　生活安全教育内容

活动场景	安全隐患或潜在危险	安全教育内容
幼儿园集体活动	活动过程中因拥挤、推撞造成的肢体伤害；用剪刀时被扎伤等	知道有秩序地进行集体活动；知道尖锐的物品会伤人，学会正确使用剪刀、针等物品
家用电器的使用	擅自使用家用电器，或者玩电线和插座造成的触电伤害	不随便使用家用电器，如微波炉、电磁炉等；了解电的用途和危害，掌握防触电知识

活动场景	安全隐患或潜在危险	安全教育内容
独自在家	因攀爬窗台、阳台从高处跌落、摔伤等	不攀爬窗台，不把身体探出阳台外；不在无人看护时从高处往下跳
上下楼梯	踩空、打闹造成伤害	养成靠右、排队上下楼梯的习惯；行走时注意脚下
与动物玩耍	动物的咬、抓等行为对幼儿造成伤害	知道不能随意逗弄狗、猫等动物；遇到蜜蜂、毛毛虫、蛇等动物知道主动躲避
饮食	进食不卫生或不明物体导致生病或食物中毒；吃热汤热饭时发生烫伤；吃鱼时鱼刺卡在喉咙；吃粽子、果冻速度太快而噎住	不随便捡食和饮用不明物品；进餐或饮水时先小口吃或喝以防烫伤；吃鱼要吐刺，吃肉要吐骨，吃枣要吐核；进食时细嚼慢咽，不说笑打闹；在成人的指导下服药，不擅自服药
睡觉	携带玩具睡觉造成伤害；口中含着食物睡觉可能有窒息危险	睡觉时不把小石头、小玩具带到床上；嘴里不含着东西睡觉

（二）身体安全教育

一般而言，学前儿童自我保护的能力和体力上都有限，遇到危险情况时无法独立应对。对突发事件，也无法做出准确的判断。因此，我们应加强幼儿在安全环境下的前期学习，提高幼儿的随机应变能力，使得幼儿在遇到危险情况时，能保护好自己的身体，最大限度减少伤害的发生（见表5-1-2）。

表5-1-2　身体安全教育内容

紧急场景	安全隐患或潜在危险	安全教育内容
玩水、游泳	溺水	溺水时不慌乱挣扎，放松身体，让脸露出水面；发现溺水者呼喊求救，不盲目下水
走失	与家人走失、被拐骗等	知道在公共场所要紧跟家人，不远离家人视线单独活动；能记住自己及父母的姓名、家庭住址、父母的电话号码；会根据情况拨打110、120、119等急救电话
火灾	烧伤、窒息等	知道火灾的危害，不随便玩火；知道火灾发生时的自救技能和求救方法，如用湿毛巾掩住口鼻弯腰行走
雷电	被雷电击中的危险	知道雷电天气不在大树下躲雨，不站在高楼上，尽量待在室内，不接打手机，不看电视等
地震等自然灾害	掩埋、重物压身等	知道地震时简单的自护和自救措施，如听从指挥跑到空旷的地方双手抱头下蹲
疫情防控	出门在外、公共场所	外出时，佩戴一次性使用医用口罩或医用外科口罩；减少接触公共场所的公共物品和部位；从公共场所返回、咳嗽手捂之后、饭前便后，用洗手液或香皂用流水洗手，掌握七步洗手法，或者使用含酒精成分的免洗洗手液

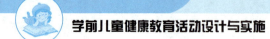

（三）心理安全教育

在幼儿的成长过程中，提到安全，我们时常聚焦幼儿的生理安全教育，却忽略了对幼儿心理安全感的培养。事实上，长期的心理压力和情绪变化等心理因素，也会对幼儿的安全产生一定的影响。对幼儿进行心理安全教育不但能促进身体等生理安全教育，还能促进幼儿智力发育以及良好性格和品格的形成。学前儿童心理安全教育就是要采用多种多样的方式方法，帮助幼儿排解心中的不良情绪和压力，建立良好的同伴关系，培养幼儿的基本交往能力和社会适应能力（见表5-1-3）。

表5-1-3　心理安全教育内容

交往场景	安全隐患或潜在危险	安全教育内容
有陌生人敲门	发生入室抢劫、拐骗、人身伤害等	不轻易给陌生人开门；独自在家时关好门窗
有陌生人或熟人搭讪	轻信陌生人或熟人的话而被拐骗	不轻信陌生人的话；不吃陌生人给的东西或不拿陌生人的礼物；没有家人的允许不跟陌生人或熟人走
有陌生人或熟人亲亲、抱抱	猥亵、性侵等伤害	知道除了家人和医生不让其他人看或触摸隐私部位；学会大胆拒绝陌生人或熟人的过分亲密的举动；受到伤害能及时告知父母
与父母或家人交往	被父母或其他家人殴打，遭受家庭暴力等	知道父母或其他亲人打人的行为是不对的；出现家庭暴力知道向教师或警察寻求帮助
与同伴交往	踢人、打人等暴力行为导致受伤	学会与同伴友好相处；学习控制自己的行为及解决问题的能力；知道打人、咬人、踢人是不对的行为

（四）运动安全教育

伏尔泰说："生命在于运动。"学前儿童的天性就是活泼好动，他们好奇、好动、好探索；爱跑、爱跳、爱钻爬，体育活动是他们最喜欢的活动之一，体育活动不仅能锻炼身体，增强体质，而且能锻炼不怕严寒的坚强意志。然而，由于幼儿年龄小，动作的灵敏性和协调性较差，运动器官还没有完全发育成熟，缺乏基本的防范知识，以及自我保护能力有限，也容易出现一些安全隐患。学前儿童运动安全教育，就是在引导学前儿童了解和避免运动场所的物质环境类安全隐患的同时，掌握一些运动时的自我保护技能，养成良好的运动习惯（见表5-1-4）。

表5-1-4　运动安全教育内容

运动场景	安全隐患或潜在危险	安全教育内容
户外大型器械	坠落、同伴间挤压、尖锐物划伤等	不去人多的器械玩；玩大型器械时知道要遵守规则；不随身携带尖锐物或绳索等

续表

运动场景	安全隐患或潜在危险	安全教育内容
平衡步道或梅花桩	坠落危险	注意力集中，保持平衡
路边或小区内游乐设施	因设施不稳固造成伤害；随意跑动引发车辆撞伤	玩耍之前检查设备是否稳固；在规定区域内玩耍
体操或体能训练	未做热身造成拉伤等；因先天疾病造成伤害等	体能训练之前做热身活动，在身体不适时及时告知教师

（五）交通安全教育

交通安全无小事，虽然幼儿在园期间的交通安全事故发生概率较低，但是还是无法避免在其他时间和地点的交通安全隐患。学前儿童交通安全教育能够帮助学前儿童从小知安全、讲安全，提高交通安全意识，规范安全出行行为，提高自我保护能力，预防和减少交通事故的发生（见表5-1-5）。

表5-1-5 交通安全教育内容

交通场景	安全隐患或潜在危险	安全教育内容
乘坐交通工具	没有坐稳或站好导致摔伤；上下车时拥挤踩踏；不使用安全座椅导致受伤；在地铁、火车上奔跑打闹从而发生撞伤等	乘坐公交车时，在座位上坐稳或手握扶手，站立时两腿分开保持稳定站姿；乘坐私家车时不坐副驾驶座，使用安全座椅；上下车时先下后上，不推挤；乘车过程中手或头不伸出窗外；乘坐地铁、火车时不大声喧哗，不追逐打闹；乘车时不吃东西
道路行走	因横穿马路，走路时东张西望，在马路上奔跑、打闹、逆向行走等原因被车辆撞伤	认识常见的交通安全标志，如红绿灯、人行通道、过街天桥等标志；了解基本的交通规则和安全要求，如红灯停、绿灯行，走斑马线过马路，靠右行走等；知道走路要集中注意力，不追逐打闹，避让车辆和路面障碍物等

【知识链接】

学前儿童安全教育的组织途径

学前儿童健康教育活动设计与实施

为儿童安全成长撑起一片蓝天

——解读《中国儿童发展纲要（2021—2030年）》
中国疾控中心慢病中心伤害防控与心理健康室主任、研究员，
国务院妇儿工委办公室儿童工作智库专家
段蕾蕾

近日，国务院颁布实施《中国儿童发展纲要（2021—2030年）》（以下简称"儿纲"）。作为指导未来十年我国儿童事业发展的纲领性文件，"儿纲"增设了"儿童与安全"领域，从儿童伤害预防、儿童食品用品安全、预防和制止针对儿童一切形式的暴力、网络保护、健全儿童伤害防控体系和监测机制等方面，全面提出了新时期儿童安全保护工作的目标要求和具体举措。

一、进一步回应了新时代我国儿童安全成长面临的新形势新要求

溺水、交通事故等导致的伤害是我国儿童第一位死因，也是导致残疾的重要原因。伤害不但严重威胁儿童生命安全和身体健康，更给家庭、社会带来沉重压力和负担。同时，儿童食品用品安全、针对儿童的暴力伤害等问题时有发生，有的引起社会强烈反响。相关研究和国内外实践经验均表明，儿童安全是可防可控的。对此，上一个周期的中国儿童发展纲要已经在"儿童与健康"领域设有减少儿童伤害所致死亡和残疾的目标。经过十年努力，我国儿童伤害防控工作进展显著，政策措施持续完善，人才队伍建设逐步加强，儿童安全的理念日渐深入人心，良好社会氛围逐步形成，实现了纲要中"18岁以下儿童伤害死亡率以2010年为基数下降1/6"的目标。

儿童是祖国的未来，是建设社会主义现代化国家的生力军。习近平总书记强调"人民至上、生命至上"，就是要求我们要把人民群众生命安全和身体健康放在第一位。此次"儿纲"坚持问题导向，专门增设"儿童与安全"领域，是进一步落实习近平总书记重要指示批示精神、及时回应社会关切的重要举措，为切实保障儿童生命安全和健康基本权利，做好新时代儿童安全工作提供了重要政策依据和行动指引。

二、进一步明确了推动儿童安全保护工作的新任务新举措

"儿纲"明确提出我国儿童伤害防控总体目标："儿童伤害死亡率以2020年为基数下降20%"，与上轮"儿纲"相比要求更高。针对儿童溺水、道路交通伤害、跌倒、跌落、烧烫伤和中毒等不同伤害类型，"儿纲"也分别提出具体目标。同时，在总结提炼各部门、机构、团体和全国各地开展儿童伤害防控的经验、方法、机制和模式，充分借鉴国际儿童伤害预防的原则和经验基础上，"儿纲"制定了相关策略措施，着重强调加强儿童看护，提高儿童照护者看护能力，明确家长和照护者在儿童伤害预防中的重要作

用。"儿纲"特别提出推广使用儿童安全座椅、儿童头盔、窗户护栏和限位器等已被证实有效的各类儿童防护器具。针对社会各界和广大家长十分关注的儿童食品问题,"儿纲"专门提出针对婴幼儿食品、儿童集体用餐、食品安全监管等的具体举措。"儿纲"还从强化质量监管、完善健全国家标准、提升质量等维度就提升儿童产品用品质量、确保儿童安全制定策略措施。此外,"儿纲"还强调消除和隔离家庭、社区和校园周围的危险环境,加强相关立法和执法,完善儿童伤害预防控制的监测体系、工作体系,提高儿童伤害救治和应对能力等,并提出了具体举措。

另一方面,"儿纲"将针对儿童的暴力伤害相关内容纳入"儿童与安全"领域,使得该领域内容更为全面、体系更加完善。"儿纲"强调对儿童暴力零容忍的理念,强化了国家、社会、学校、家庭各方保护责任,建立防控儿童暴力伤害的部门合作工作机制。"儿纲"坚持问题导向,针对儿童安全最常见最突出的暴力伤害、学生欺凌和网络保护问题,明确提出"预防和制止针对儿童一切形式的暴力""提高对学生欺凌的综合治理能力,预防和有效处置学生欺凌""预防和干预儿童沉迷网络,有效治理不良信息、隐私泄露等问题"的目标。同时,"儿纲"还提出进一步完善儿童遭受伤害和暴力的监测报告系统的目标,为做好儿童安全工作奠定坚实基础。

相比上轮纲要,该"儿纲"策略措施更加全面和具体,可操作性强,注重与《中华人民共和国未成年人保护法》《中华人民共和国预防未成年人犯罪法》《"健康中国2030"规划纲要》等的衔接,全面梳理我国儿童安全工作的重点领域和主要抓手,明确儿童伤害防控的优先领域,从儿童看护者的认知、态度、技能,儿童成长社会物质文化环境,儿童产品设计、生产和流通,儿童安全信息收集、救治能力、工作体系和法治建设等方面,全面、循证地提出新时期儿童安全工作的新要求新举措,为新时期各部门各领域深入开展儿童安全工作提供了有力指导和具体要求,将成为各级政府部门推动儿童安全工作、制定相应政策规划的重要依据和参考。

三、进一步强调形成全方位保障儿童安全的合力

儿童安全工作内容涉及多维度、多层面,既包括儿童溺水、道路交通等伤害,儿童产品用品安全,儿童食品安全,儿童生活环境安全,也包括针对儿童的暴力伤害、学生欺凌、网络安全,还有应急预案、急救等安全事故应对机制的内容。儿童安全问题的成因和表现形态纷繁复杂,产生的影响程度和范围也各不相同。"儿纲"以科学理论为指导,从不同专业角度和工作领域出发,建立以多学科理论为基础的多专业协同、多部门合作、多资源投入的工作模式,强调家庭、学校、社会和网络等不同主体应当承担相应责任,共同形成儿童安全工作合力。

"儿纲"落实儿童的家长和照护人是儿童安全第一责任人的理念,要求切实履行好监护和看护责任,为儿童创设安全的居家、外出安全环境,向儿童传授安全知识,帮助儿童养成良好安全行为习惯,不断提升安全技能,为儿童安全设置好第一道,也是最重

要的屏障。强调创设文明安全的校园环境，加强思想道德教育、法治教育和心理健康教育，强化校园周边以及对学生欺凌的综合治理。提出营造安全、健康的网络环境，保障儿童在网络空间的合法权益，树立健康、积极的社会文化准则。要求提高儿童遭受伤害和暴力的紧急救援、医疗救治、康复的效率和水平，健全儿童伤害防控工作体系，加强监测和数据共享、分析。这些措施进一步明确各方责任，提出了具体可行的举措，将有力推动政府、企业、学校、家庭、社会等各方面切实履责，不断探索实践并总结提升，因地制宜地科学开展儿童安全保护工作，为我国儿童提供全方位的保护，确保我国近3亿儿童平安、健康成长！

结合生活日常，思考安全教育在家庭中应如何开展。小组讨论后完成以下任务。

家园共育	
沟通对象	爸爸（　　）、妈妈（　　　）、爷爷（　　　）、奶奶（　　　）、姥爷（　　　）、姥姥（　　　）、其他抚养者（　　　）
沟通时间	入园（　　）、离园（　　　）、周一至周五（　　　）、周末（　　　）、随机（　　　）
沟通次数	一周（　　）次，两周（　　　）次，一月（　　　）次，随机（　　　）次
沟通形式	短信（　　　）、电话（　　　）、面谈（　　　）、家访（　　　）
沟通内容（表现、原因和策略）	
预期目的	

思考：家园沟通过程中需要注意什么？

_____

_____

_____

_____

_____

典型案例

儿歌

活动案例

【教育漫谈】

虞永平：要防止因冒险而把儿童关在室内的现象

虞永平，南京师范大学教育科学学院教授、博士生导师；中国学前教育研究会理事长，中国学前教育研究会课程与教学专业委员会主任委员，中国学前教育研究会学术委员会主任，教育部高等学校幼儿园教师培养教学指导委员会副主任委员；江苏省青蓝工程跨世纪学术带头人，国家重点学科"学前教育学"学科带头人，南京师范大学学前教育研究所所长，教育科学学院教授委员会副主任；《学前教育研究》杂志副主编。2020 年 12 月 10 日，被教育部提议担任基础教育学前教育保教指导委员会副主任委员。

1. 学前教育的变革，从拓展儿童的活动空间开始

学前教育的变革，首先是观念上的变革。充分确认儿童的学习者主体地位，充分认识儿童是在与外部世界相互作用的过程中学习，在多样化的活动中运用多种感官不断获得新经验是教育的重要指向。

儿童学习的时间、空间、环境等都需要加以变革，尤其是要拓展儿童的活动空间，调整活动的时间，丰富活动的内容和形式，让儿童的学习变得更为丰富多彩、生动活泼、富有挑战。

2. 教师决定了儿童挑战和冒险的可能

教师决定了儿童挑战和冒险的可能，决定了儿童活动的水平和质量，对于儿童冒险和挑战的需求的认识对儿童的户外活动具有重要的决定作用。因此，如何从儿童天性出发，理解儿童内在需求，从儿童发展的现实出发，满足儿童冒险和挑战，是教师应该加以认真考虑的问题。

不是所有的户外活动都可能引发冒险和挑战。户外空间的安排，场地和设备的投放，资源的提供，尤其是工具的提供，儿童活动自主性的空间，都需要教师用儿童的眼光，需要关注儿童的兴趣，考虑儿童的需要，让环境真正具有引发儿童的冒险和挑战的可能性。

3. 户外活动的魅力之一就是冒险

儿童有冒险的自然倾向，冒险是儿童户外活动的重要追求，儿童在冒险中感受乐趣。冒险意味着可能有风险，就是有产生危险的可能。所以，对一些活动需要风险评估，排除一些可能的隐患。确定合理风险，就是要在挑战和可能的危险之间形成合理的张力，使得冒险具有吸引力。

有一定生活经验的教师都具有一定的风险评估意识和能力。风险不是一个常值，活动的氛围、活动的性质、幼儿的组织方式、材料的特质及儿童的年龄等都会对风险水平产生一定的影响。从儿童发展的意义上说，绝对无风险的环境和活动并不是最理想的。因此，户外活动需要合理承担风险，就是给儿童尽可能的活动机会，又能通过一些具体的举措把控出现危险的可能。降低风险不是不让儿童户外活动。

4. 要防止因冒险而把儿童关在室内的现象

不要让儿童处于明显的危险境地，但不能让儿童处于零风险的环境。要在合理的风险评估中，丰富儿童的发展机会，建立相关的风险评估规则和制度。当儿童在没有成人干涉的情况下自我管理时，就较少可能受伤。通常当成人催促他们"小心点"或在活动中"帮助"他们时，儿童会变得不自信，这样事故就会发生。

年幼儿童也需要冒险和挑战。冒险游戏是丰富儿童的想象力和兴趣的过程，让儿童有时间、空间、资源和环境创造性地开展他们的学习。

【教育箴言】

不要让儿童处于明显的危险境地，但不能让儿童处于零风险的环境。

——虞永平

以下为自选任务，请同学们根据自己的学习情况进行练习。

1. 尝试自主学习教育部与联合国儿童基金会联合印发的《幼儿安全教育与安全管理手册》。

2. 结合安全教育的相关内容，设计并撰写一次家庭安全教育的讲稿，年龄段自选，字数不限。

探寻二 四季主题活动

【活动情境】

新的一学期又开始了，阳光幼儿园的二十四节气主题活动在万物复苏中，也迎来第一个节气——立春。

"春天在哪里呀，春天在哪里，春天在那青翠的山林里，这里有红花呀，这里有绿草，还有那会唱歌的小黄鹂……"伴随着欢快的歌声，阳光幼儿园的操场上热热闹闹。"你们快看，草地上长出了小绿芽!"乐乐开心地喊叫道。小朋友们你一言我一语，睁大双眼去寻找"春天"的足迹。小草带着泥土的芳香钻了出来，一丛丛，一簇簇，又嫩又绿;花儿也伸了伸懒腰，打了个哈欠，探出了小脑袋。小朋友们都脱掉了笨重的冬衣，换上了既轻便又鲜艳的春装。小鸟们从家里飞了出来，唱着动听的歌谣，告诉我们:春天来了!

【活动目标】

引导幼儿能够了解基本的季节知识，掌握二十四节气的相关常识，感受和体验传统文化习俗，逐步养成健康生活的良好习惯。

【活动要求】

请根据活动情境，借助网络和课程教学资源，团队合作完成以下任务:

1. 明确四季主题教育的内容;
2. 设计合理的四季主题教育活动方案;
3. 制定实施四季主题教育的策略。

【活动实施】

任务一　四季主题教育的内容

节气	设计领域	教育内容

任务二　四季主题教育活动

要求：各小组完成任务后，选取本组代表展示教育活动方案，时间 30 分钟以内。

活动名称			
年龄阶段		活动时间	
活动目标	认知目标		
	技能目标		
	情感目标		
活动重、难点			
活动准备			
活动过程			
活动延伸			

任务三　四季主题教育的策略

序号	教育途径	教育策略	
1	一日生活	小班：	
		中班：	
		大班：	
2	游戏活动	小班：	
		中班：	
		大班：	
3	区域活动	小班：	
		中班：	
		大班：	
4	家园合作		
5	环境创设		

教育策略：教育内容、方法和途径。

【活动总结】 组内自评

小组成员：＿＿＿＿＿＿＿＿＿＿＿＿＿　　　　　日期：＿＿＿年＿＿＿月＿＿＿日

序号	活动内容	评价效果		
1	目标明确			
2	活动准备			
3	任务分工			
4	活动设计			
5	活动完成			

注：以教育活动设计评价指标（详见二维码）进行评价。评分档次统一采用 A（优秀）、B（良好）、C（合格）、D（努力）。

【活动点评】

序号	评价内容	自我评价	组间评价	教师评价	综合评价
1	规范操作				
2	完成质量				
3	完成速度				
4	参与主动				
5	沟通协作				
6	展示汇报				

注：以教育活动展示评价指标（详见二维码）进行评价。评分档次统一采用 A（优秀）、B（良好）、C（合格）、D（努力）。

教育活动设计评价指标

教育活动展示评价指标

【活动反思】

通过上述活动任务，反思以下内容：

1. 你学到了哪些知识或技能？需要具备哪些职业素养？

2. 试一试绘制本次活动设计的主题网络图。

"春天在哪里"主题活动

【设计思路】

本主题通过一系列丰富多彩的活动，让孩子们怀抱春天，去观察、发现和探索花、昆虫等的变化，了解春天人们的活动及春天最明显的特征。在看、摸、听、尝等各种感官的感受中，发现春天的秘密，感受春天给自己带来的喜悦，从而萌发幼儿热爱春天、热爱大自然的美好情感。

【活动目标】

1. 喜欢亲近大自然，发现春天植物花草、昆虫等多种变化，探究花、昆虫的外形特征及本领，在有趣的观察、探究活动中发现春天的秘密。

2. 感受春天带来的喜悦，喜欢种植活动，能用自己的行动爱护花草树木，形成初步的自我保护意识。

3. 能发挥想象说出春天的颜色，喜欢听关于春天的故事、诗歌，能理解故事内容，尝试和同伴一起分角色表演故事，大胆朗诵诗歌。

4. 能用拓印、粘贴、泥工、棉签画等方式创造性地表达对春天的感知。尝试运用歌唱、乐器演奏、身体动作等表现春天的美，萌发热爱大自然的情感。

5. 喜欢踏青、远足，能坚持步行，掌握单脚连续向前跳、双脚同时向上纵跳触物动作，提高身体动作的协调性。

【活动任务】

请根据以上思路及活动目标，完成以下任务：

1. 围绕主题设计三个子活动，写出其中一个子活动的具体活动方案，包括活动名称、目标、准备和主要环节。

2. 写出另外两个子活动的名称、目标。

_____

_____

_____

_____

_____

_____

_____

_____

【基础知识】

一、幼儿园综合主题课程的内涵

幼儿是一个有机体，幼儿园教育要让幼儿以整体的方式去感受和表达这个世界，建立对世界整体的认识。因此，整合对幼儿园教育非常重要，整合的核心意义就是有机联系、相互渗透。整合的要求是"有机"，符合生活和经验的逻辑，是自然延伸，有自然联系，不是重复和机械拼接，是补缺和扩展。整合是幼儿园各类课程的共同原则，整合不只是领域之间的，领域内也需要整合。

幼儿园综合教育课程是幼儿园教育改革发展到一定阶段的产物，秉承幼儿园一日活动皆课程的理念，将游戏、集体教学、日常生活的各种活动有机结合起来，体现以幼儿为主体、教师为主导的地位。以贴近幼儿生活，幼儿认识周围自然和社会生活的内容为基础，确定每一阶段的教育内容，尽可能将五大领域中的有关内容融合进去。在活动的展开时，把认知、情感、能力的培养综合在统一的过程中。

近些年，综合教育课程在幼儿园的具体实践过程中，大多数以主题的形式出现，形成了幼儿园综合主题课程。幼儿园综合主题课程也称幼儿园整合课程，是以幼儿生活为基础，以游戏和活动为基本形式，以幼儿自主探究学习为主要方式的综合性课程。它以一定教育主题为核心，将健康、语言、社会、科学、艺术等领域的教育内容有机地整合在一起，通过幼儿对周围事物的深入观察、主动探索、自主体验、有益尝试等实践活动，实现综合性的教育目标，促进幼儿的全面和谐发展。

二、学前儿童健康教育与其他领域的整合

《纲要》中明确指出："幼儿园的教育内容是全面的、启蒙性的，可以相对划分为健康、语言、社会、科学、艺术等五个领域，也可作其他不同的划分。各领域的内容相互渗透，从不同的角度促进幼儿情感、态度、能力、知识、技能等方面的发展。"由此可见，幼儿园五大领域的教育内容是相互渗透、相互支持的，学前儿童健康教育无法绝对独立于其他领域。正是因为学前儿童健康教育与其他学科领域也有着内在的价值联系、逻辑和结构联系，健康教育才能够与其他领域以及幼儿的一日生活相融合。一般在与其他课程内容进行整合时，可以通过以下三个方式来实现：

（一）活动目标的整合

【案例1】健康教育活动"长长的海带"

整合前目标：

（1）知道海带是有营养的食物，对身体有好处；

（2）养成愿意吃海带的行为。

与科学教育整合后目标：

（1）知道海带是一种海产品，海带中含有丰富的营养；

（2）能主动查阅关于海带的资料，获取新经验；

（3）尝试制作海带的各种制品，愿意与大家共享。

整合的价值：整合后的目标从不同角度地体现《纲要》《指南》中科学教育的精神，"尽量创造条件让幼儿实际参加探究活动，使他们感受科学探究的过程和方法，体验发现的乐趣。"

【案例2】健康教育活动"蛋宝宝穿新衣"

整合前目标：

（1）认识各种禽蛋，知道经常吃禽蛋有益于身体健康；

（2）喜欢吃各种有营养的蛋。

与美术教育整合的目标是：

（1）认识几种常见的禽蛋；

（2）会给煮熟的蛋剥壳，愿意蛋黄和蛋白一起吃；

（3）学习在蛋壳上画画，产生绘画的兴趣。

整合的价值：活动目标"学习在蛋壳上画画，产生绘画的兴趣"关注到了健康与美术活动的整合，增加了活动的趣味性，自然而然地实现了整合，促进幼儿美术表达和创造能力的提升。

（二）活动内容的整合

1. 创设多领域经验获得的活动环境

【案例3】健康教育活动"春游小背包"

教师和幼儿讨论去春游时应该带哪些物品，苹果、面包、饼干、水杯、毛巾、太阳镜、野餐布、风筝⋯⋯

带的物品多，小背包空间有限，食物、玩具和其他物品要分装，所以要将物品分类装放。

整合的价值：既强调了饮食健康、外出旅游服饰穿着、身体保护方面的内容，又丰富了幼儿分类、有序搭配的经验，让幼儿感受了部分和整体的关系。

2. 整合关键经验，促进幼儿知行统一

【案例4】健康教育活动"食物的旅行"

在幼儿探寻食物在胃中消化（物理消化）的机理，以各种动作模仿食物从食道进入胃初步消化的过程中，幼儿可以初步感知"消化""蠕动""排出"等动词的含义，还可以随音乐节奏用肢体语言表现食物消化的过程，体验身体的奥妙。

整合的价值：从健康教育角度看，知行统一可以促使幼儿健康行为的养成，促进其健康成长；从科学教育、艺术教育角度讲，知行统一是幼儿科学探究学习的主要方式，也为感受美、表达美、创造美提供了丰富的认知经验基础。

（三）活动实施的整合

【案例 5】健康教育活动"神奇的大口袋"

幼儿认识胃、大肠等内脏器官是比较困难的，因为他们对此未获得过直接的经验，于是教师想到了利用细绳，摆出上细下粗的形状，后面紧接着类似弯管的"肠道"。幼儿对这个"胃"非常感兴趣，很乐意探寻食物在胃中消化的机理，以旋转身体、跳跃、蜷缩、趴伏等各种动作模仿食物从食道进入胃初步消化，再经肠道消化最终排出体外的过程，整个活动充满生动性和趣味性。

整合的价值：健康行为养成是反复的长期过程，如果能让幼儿对自己及周围世界保持探索的兴趣，把单一的行为与有趣的意义联结，幼儿既能获得经验、保持兴趣，又能逐渐养成健康行为方式。这也是科学教育之于幼儿的价值。

【案例 6】健康教育活动"多喝水的好处"

教师为了让不愿意喝白开水的幼儿喝水，就在活动中和幼儿开展了一项小实验。在植物角选两盆相同的花，一盆每天浇水，另一盆不浇水，过三四天以后再观察，幼儿发现不浇水的那盆花已经慢慢枯萎了，而浇水的那盆绿油油的。这样，教师就开始本次集体活动，以不浇水小花的实验来说明喝水的重要性，使得幼儿明白喝水的重要性，能够愿意喝水并主动喝水。

整合的价值：活动使得幼儿体验到不喝水会"枯萎"，把喝水茂盛和不喝水枯萎的花在一起对比，使得幼儿愿意喝水并主动喝水。这次对比小实验也会让很多幼儿对花的一系列有趣现象产生兴趣，引发幼儿持续性探索的意愿，系列科学活动也就由此开始了。

【知识链接】

幼儿园综合主题课程
实施中存在的问题

婴小班开展主题
教育活动的策略

中大班主题活动的
组织实施策略

　　结合四季主题教育的案例，思考幼儿园主题活动在家庭开展中遇到的问题有哪些。小组讨论后，完成以下任务。

家园共育	
沟通对象	爸爸（　　）、妈妈（　　）、爷爷（　　）、奶奶（　　）、姥爷（　　）、姥姥（　　）、其他抚养者（　　）
沟通时间	入园（　　）、离园（　　）、周一至周五（　　）、周末（　　）、随机（　　）
沟通次数	一周（　　）次，两周（　　）次，一月（　　）次，随机（　　）次
沟通形式	短信（　　）、电话（　　）、面谈（　　）、家访（　　）
沟通内容（表现、原因和策略）	
预期目的	

　　思考：家园沟通过程中需要注意什么？

_____

_____

_____

_____

_____

典型案例

儿歌

活动案例

【教育漫谈】

虞永平：幼儿园课程需要有机整合

幼儿园课程结构有别于中小学课程结构，它是以幼儿发展为导向，以经验获得为过程和目的的动态结构。幼儿园课程应坚持"以学定教"，关注生活，走向整合。

按照幼儿身心发展规律来实行教育，就是要"以学定教"。从宏观上说，"以学定教"就是要关注学习者的身心发展规律和学习特点，避免跨龄教育、揠苗助长，要通过学习《3～6岁儿童学习与发展指南》（下文简称《指南》），真正理解儿童的身心发展规律和学习特点，结合幼儿园幼儿生活的现实，使儿童和儿童发展具体化、情境化；从微观层面看，"以学定教"意味着关注自己面对的特定班级儿童的需要、兴趣和现实的学习状况，关注现实的社区、家庭和幼儿园环境资源条件，选择和组织教育内容，采用适合儿童的活动方法和策略，确保活动的有效性。

幼儿在幼儿园的一日生活就是他学习的过程，这个过程影响到幼儿的发展。《指南》指出：幼儿的学习是以直接经验为基础，在游戏和日常生活中进行的。要珍视游戏和生活的独特价值，创设丰富的教育环境，合理安排一日生活，最大限度地支持和满足幼儿通过直接感知、实际操作和亲身体验获取经验的需要，严禁"拔苗助长"式的超前教育和强化训练。

生活是综合性的活动，是没有边界的，是整体的，在生活中学习就是综合的学习，就是整体的学习。生活是课程的基础、来源、出发点，生活也是课程的进程。幼儿园一日生活每一个环节都有特别的意义，对幼儿的发展都是有贡献的。生活是幼儿园课程的重要来源。成人要善于发现和保护幼儿的好奇心，充分利用自然和实际生活机会，引导幼儿通过观察、比较、操作、实验等方法，学习发现问题、分析问题和解决问题；帮助幼儿不断积累经验，并运用于新的学习活动，形成受益终身的学习态度和能力。直接经验对幼儿来说是非常重要的，要让幼儿在解决实际问题的过程中去思考、发现和解决问题，只有这样才能真正获得经验。

【教育箴言】

幼儿园课程在儿童的生活和行动里。

——虞永平

以下为自选任务，请同学们根据自己的学习情况进行练习。

1. 根据综合主题活动的学习，尝试以"秋天"为主题，设计一次全面的综合主题活动，并画出主题网络图。

2. 收集不同地区有关二十四节气传统民俗的相关资料，整理后小组内讨论分享。

探寻三　战疫主题活动

【活动情境】

"我妈妈说那个病毒有点儿可怕。"

"我爸爸告诉我出门的时候一定要戴口罩，回家的时候要勤洗手。"

"还有还有，要喝牛奶，不挑食。"

阳光幼儿园的孩子们你一言我一语，激烈地讨论着……

近些年，突如其来的疫情打乱了人们的日常，阳光幼儿园的孩子们也从大人的口中听到了一个新名词"新型冠状病毒"。病毒的到来，使得社会各界再一次将目光聚焦到人们的健康生活中。作为社会成员的一分子，阳光幼儿园也在近期开展了"童心战疫"生成式探究主题教育活动，目的是让孩子们建立正确的认知，掌握正确的方式方法，学会保护自己。

【活动目标】

引导幼儿了解病毒，养成良好的生活与卫生习惯，坚持锻炼并树立正确的饮食观念，提高自我防护能力；感知逆行者的奉献与勇敢，感恩劳动者，萌发民族自豪感和爱国之情。

【活动要求】

请根据活动情境，借助网络和课程教学资源，团队合作完成以下任务：

1. 探究"童心战疫"主题教育生成的框架；
2. 设计合理的"童心战疫"主题教育活动方案；
3. 制定实施"童心战疫"主题教育的策略。

【活动实施】

任务一　"童心战疫"主题教育的基本框架

领域	活动来源	活动名称	活动目标

任务二 "童心战疫"主题教育活动

要求：各小组完成任务后，选取本组代表展示教育活动方案，时间 30 分钟以内。

活动名称			
年龄阶段		活动时间	
活动目标	认知目标		
	技能目标		
	情感目标		
活动重、难点			
活动准备			
活动过程			
活动延伸			

任务三　"童心战疫"主题教育的策略

序号	教育途径	教育策略	
1	集体教学	小班：	
		中班：	
		大班：	
2	游戏活动	小班：	
		中班：	
		大班：	
3	区域活动	小班：	
		中班：	
		大班：	
4	家园合作		
5	环境创设		

教育策略：教育内容、方法和途径。

【活动总结】 组内自评

小组成员：_____   日期：_____年_____月_____日

序号	活动内容	评价效果		
1	目标明确			
2	活动准备			
3	任务分工			
4	活动设计			
5	活动完成			

注：以教育活动设计评价指标（详见二维码）进行评价。评分档次统一采用 A（优秀）、B（良好）、C（合格）、D（努力）。

【活动点评】

序号	评价内容	自我评价	组间评价	教师评价	综合评价
1	规范操作				
2	完成质量				
3	完成速度				
4	参与主动				
5	沟通协作				
6	展示汇报				

注：以教育活动展示评价指标（详见二维码）进行评价。评分档次统一采用 A（优秀）、B（良好）、C（合格）、D（努力）。

教育活动设计评价指标

教育活动展示评价指标

【活动反思】

通过上述活动任务，反思以下内容：

1. 你学到了哪些知识或技能？需要具备哪些职业素养？

2. 试一试绘制本次活动设计的主题网络图。

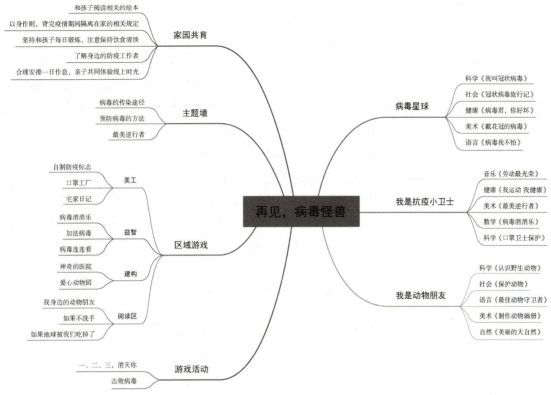

参考以上主题网络图，思考并分析：

1. 主题活动的生成来源主要有哪些？

2. 针对本单元"童心战疫"主题，结合你的已有经验和对幼儿年龄特点的了解，完成以下表格。

幼儿的已有经验	幼儿的问题	幼儿的兴趣点

【基础知识】

一、幼儿园主题课程中生成课程

"生成课程"一词最早见于贝蒂·琼斯《课程就是发生的事》一书的前言，随后，瑞吉欧的课程中也针对生成课程做出了阐述。生成性课程是教师和幼儿之间相互互动而生发的，它既真实反映了幼儿的生活、幼儿前期的经验、环境对幼儿影响，也反映了教师对幼儿充分观察了解的结果。因此，我们必须充分发挥生成课程的价值。

幼儿园主题课程是以一定教育主题为核心，将各领域的教育内容有机地整合在一起而组织建构起来的课程。在主题课程实践中，幼儿通过对主题涉及的现象、事件和问题等进行自主探究来发展新的经验。幼儿园主题课程综合运用了课程建构中的生成性和实践中的探究性特征，改变了教师对教材过分依赖的现状，目的是更好地关注到幼儿的兴趣与需要，提高课程开发与实践的能力。幼儿园主题课程中的生成课程，从课程主题的生发到探究性学习的开展都体现着促进幼儿自主和主动发展的基本理念，让幼儿成为课程资源和设计的参与者。

二、幼儿园生成课程主题的选择

（一）幼儿的生活

首先，课程的主题是幼儿，因此必须围绕幼儿的生活来展开课程主题。不仅如此，也要尽量选择幼儿所感知的人、事、物等，以此来激发幼儿的学习探究热情。其次，课程主题必须要反映幼儿当下的生活、游戏和学习状态与需要。"生活即学习"早已反映了幼儿最合适的学习就是在生活中学习。幼儿在成长过程中，常常会产生许多的好奇疑问，这些问题便能产生无数的学习契机，伴随着问题的解决，幼儿也在不断地学习和成长。但是需要注意的是，不是所有的问题都能成为主题，这就需要教师加以判断并做出筛选。

（二）探索的准备

探索准备分为经验准备和物质准备。首先，主题课程具有能够让幼儿自主地进行探索学习的特征。生成课程的主题必须是可以使幼儿在一定的环境中，自主地探索事物的本质，寻求问题的答案。当然，这些问题的解答，应该与幼儿的能力与心智的发展相符，也就是我们最常说到的最近发展区，符合幼儿的认知，以此促进幼儿核心经验的发展。其次，课程主题的实践必须基于幼儿园已有的条件，要具有可行性。

（三）全面延伸

　　课程主题需要从核心主题出发衍生出主题网络，以确保课程内容对幼儿学习经验发展的全面支持。通过完成这个主题活动，使得幼儿的能力、行为、意志、认识、身体、美感等诸多方面得到多维发展。

（四）确保安全

　　安全是任何主题活动的前提。课程主题要充分考虑到幼儿自主探究和冒险的需要，但同时也必须确保幼儿在身体和心理上的安全。

　　【知识链接】

幼儿园主题课程中生成课程的实施策略

结合抗疫主题活动的案例，思考抗疫主题活动在家庭中应如何开展，遇到的问题有哪些。小组讨论后完成以下任务。

家园共育	
沟通对象	爸爸（　　）、妈妈（　　）、爷爷（　　）、奶奶（　　）、姥爷（　　）、姥姥（　　）、其他抚养者（　　）
沟通时间	入园（　　）、离园（　　）、周一至周五（　　）、周末（　　）、随机（　　）
沟通次数	一周（　　）次，两周（　　）次，一月（　　）次，随机（　　）次
沟通形式	短信（　　）、电话（　　）、面谈（　　）、家访（　　）
沟通内容（表现、原因和策略）	
预期目的	

思考：家园沟通过程中需要注意什么？

_____

_____

_____

_____

_____

典型案例　　　　　活动案例

【教育漫谈】

虞永平：超越疫情看学前教育可持续发展

1. 超越疫情看学前教育

在新型冠状病毒肺炎疫情蔓延的当下，我们不得不深思人与自然的关系，这种关系是人与生俱来的，并且需要有正确的立场来加以把握。当今世界所倡导的可持续发展教育，就是引导人们正确把握人与自然的关系，正确看待世界的发展和存在问题，尤其是要在教育的可持续发展上，我们需要不断努力。

学前教育的可持续性发展已经成为全世界关注的问题，它涉及政策、环境、课程等多个层面，需要社会各方面共同努力，不断深入地探究和探索。当前，除了在政策层面上进一步落实普及普惠优质安全的发展，在幼儿园层面上，环境的改进和课程的变革也是影响学前教育可持续发展的关键。在学前教育可持续发展过程中，有很多重大的问题需要用新的立场和方法加以探索和突破。

无论是非典还是新型冠状病毒肺炎，有一点是共同的，那就是人和病毒的关系。不管病毒是怎么进入人体的，也不管果子狸、蝙蝠等在其中起了什么作用，都说明了一个重要问题，那就是在这大千世界，人类是无法独善其身的，人类和各种生物构成了真正的命运共同体。因此，新型冠状病毒肺炎疫情下的教育不是要让儿童简单仇视病毒，更不是要让儿童仇视蝙蝠等野生动物。把野生动物妖魔化，不但无助于儿童的认知和情感发展，反而会适得其反。加强生态文明建设是党和国家的重大战略决策，需要从社会生活的方方面面加以贯彻和落实。加强对儿童的生态文明教育，既是落实生态文明战略的重要举措，也是符合儿童天性和发展需要的一项重要工作，应该切实抓早、抓好。生态文明教育是指向可持续发展的教育，是遵循自然发展基本规律的教育。

2. 儿童不能缺席可持续发展

学前教育是终身教育的重要阶段，是人类可持续发展的一个重要领域，更是教育可持续发展目标的重要方面。研究和探索学前教育的可持续发展，要坚持专业、科学和综合的原则，借鉴多学科的理论和方法，努力在理论和实践上实现新的突破。

可持续的早期教育同样也是一个值得关注的问题。《早期教育对可持续性社会的贡献》《可持续发展教育哥德堡倡议》等文件对可持续性早期教育已经有了比较充分的说明。一些国家也在努力将可持续发展的目标融入本国发展学前教育的基本政策之中，如瑞典、韩国、澳大利亚等。我国的《中国教育现代化 2035》也明确提出：以农村为重点提升学前教育普及水平，建立更为完善的学前教育管理体制、办园体制和投入体制，大力发展公办园，加快发展普惠性民办幼儿园。为实现这一发展目标，需要多方面长期持续的努力。

3. 完善幼儿园的教育环境

对儿童而言，就是要让儿童有机会释放亲近自然的天性，这是儿童与生俱来的本能力量，是儿童心灵成长的内在需要。亲近自然是一个主动自发的过程。亲近也是儿童与自然特殊的关系属性，其中充满了情感、向往及依恋。因此，幼儿园作为教育机构，应尽可能让儿童有接触自然的机会。

幼儿园是学校教育体系的重要组成部分，但幼儿园又不同于中小学。幼儿园儿童的身心发展特点决定了他们不是以书面的文字符号系统作为主要的学习内容，而是通过感性经验来学习的，是在情境中思考的，是在行动中积累经验的。

因此，幼儿园的儿童是真正在环境中学习的。从一定意义上说，环境的丰富程度决定了儿童经验的丰富程度，环境中自然元素的丰富程度决定了儿童自然经验的丰富程度。也就是说，儿童所感受的自然环境的状态决定了儿童对自然环境感知、理解和相互关系的水平。因此，幼儿园的环境创设是幼儿园质量建设的重要内容，是幼儿园最基本的建设工程。

4. 深化幼儿园课程的改革

要落实生态的、可持续发展的理念，关键在课程改革。只有深化课程改革，转变课程观念，环境才能不断优化并转化为儿童多样化活动的场所，才能真正促进儿童的发展。幼儿园课程的改革需要更全面和高位的视角，需要更协同和整体的机制。同时，课程改革又要求教育实践的深入和细化，要求关注细节，回到生活，回到教育的本原，真正让幼儿园课程充实儿童完满、幸福的童年。

将人与自然的关系纳入课程之中。我国著名教育家陈鹤琴先生早在 20 世纪 30 年代就倡导大自然、大社会是活教材，要引导儿童在大自然、大社会中学习。大自然中的万事万物是相互关联的，是变化发展的，是源源不断的活教材。今天我们仍然需要这样的立场和观念。

在行动中感受自然。自然是我们的生活，自然也应该是我们生存的状态。在自然中学习，就是在自然中生活和发展。幼儿园儿童的自然生活过程就是与同伴和老师共同生活的过程。没有深入参与的活动，就难以有真正的理解。因此，要给予儿童充分接触大自然的机会，充分利用幼儿园和周围的自然环境，让儿童真正置身于自然之中。

越来越多的教师具有自然和生态的意识，越来越多的教师看到了自然的教育力量。

让儿童有更多机会沉浸于自然环境中，教师对儿童的发展期待一般有以下方面：对自然世界的兴趣，对自然世界相互联系的理解，有兴趣独自探索和与他人一起探索，密切观察的能力，愿意冒险，自主和安全感，对美的欣赏，对生物的关心。

总之，指向可持续发展的教育，要求幼儿园超越文本符号，超越教师讲解，超越室内静坐，超越单一认知。要引导儿童关注更加广阔的世界，确保儿童接触大自然的权利，确保儿童积极主动探索和发现的权利，确保儿童思考和想象的权利。让幼儿园课程为儿童的生活、学习带来更大的空间，更丰富的活动，更多样的经验，更融合的智慧。

【教育箴言】

幼儿园课程不是一个冰冷冷的文本，而是一系列源源不断、引人入胜的体验活动，幼儿园课程呈现的不是人类分门别类的学科知识地图，而是一幅儿童自身生活的画卷。

——虞永平

以下为自选任务，请同学们根据自己的学习情况进行练习。

1. 思考如何在家庭教育中开展"童心抗疫"的主题活动，有哪些需要注意的问题。

2. 根据综合主题活动的学习，尝试以幼儿感兴趣的话题或事件，设计一次全面的综合主题活动，并画出主题网络图。

一、选择题

1. 某幼儿园教师陈某在教育幼儿时，经常敲打、拖拽幼儿，造成幼儿身体多处瘀伤，陈某侵犯了幼儿的（　　　）。

A. 受教育权　　　　B. 人格尊严权　　　C. 人身自由权　　　D. 生命健康权

2. 下列选项中，不属于学前儿童安全教育的任务的是（　　　）。

A. 帮助学前儿童形成有关安全的意识　　　B. 引导学前儿童学习必要的安全常识

C. 培养学前儿童养成安静游戏的习惯　　　D. 激发学前儿童参加体育活动的兴趣

二、实操题

1. 新入园的幼儿每天的离园环节常常存在不安全的隐患，有的家庭今天是爸爸来接，明天是妈妈来接，后天可能是家庭的其他成员来接。刚开学的几个月要接触众多陌生家长的面孔，使教师承受了极大的压力。不妨让幼儿和我们一起来提高安全保障，培养他们养成自觉的自我保护意识，养成良好的离园常规习惯。请以"不跟陌生人走"为主题设计幼儿园小班的活动计划，并思考如何将该活动与家园共育结合起来。

2. 以下面这组图片为内容，设计一个大班安全防火教育活动，要求写出活动名称、活动目标、活动准备、活动过程及活动延伸。

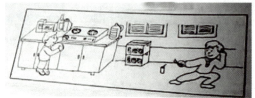

"一分耕耘，一分收获。"同学们，当你打开这一页时，我们的课程学习即将结束了。请你回忆一下在本课程中的收获，所见、所闻、所思、所为，为本次课程的学习之旅画上圆满的句号。

请回顾所有模块的学习过程，让你印象最深刻的，让你最困惑的，让你最有成就感的，让你启发最多的……说一说，写一写，画一画。

主要参考文献

[1] 庞建萍，柳倩. 学前儿童健康教育与活动指导 [M]. 2 版. 上海：华东师范大学出版社，2014.

[2] 顾荣芳. 学前儿童健康教育论 [M]. 3 版. 南京：江苏凤凰教育出版社，2019.

[3] 李静. 学前儿童健康教育 [M]. 3 版. 北京：教育科学出版社，2018.

[4] 王潇. 幼儿园健康教育与活动指导 [M]. 2 版. 上海：华东师范大学出版社，2021.

[5] 高庆春. 学前儿童健康教育 [M]. 3 版. 北京：高等教育出版社，2019.

[6] 艾桃桃，刘凤英. 学前儿童健康教育 [M]. 长春：东北师范大学出版社，2018.

[7] 杨凤林，秦莉，罗丽丹. 学前儿童心理健康指导 [M]. 长春：东北师范大学出版社，2018.

[8] 李秀敏，幼儿园健康教育与活动指导 [M]. 南京：南京师范大学出版社，2020.

[9] 杨慧，高英. 学前儿童健康教育理论与实践 [M]. 长春：吉林大学出版社，2016.

[10] 黄晓堃. 学前心理学 [M]. 2 版. 天津：南开大学出版社，2018.

[11] 姜晓燕. 学前儿童游戏教程 [M]. 3 版：北京：教育科学出版社，2020.

[12] 胡萍. 善解童贞 [M]. 南京：江苏凤凰科学技术出版社，2016.

[13] 中国就业培训技术指导中心，保育员基础知识 [M]. 北京：中国人力资源和社会保障出版集团，2021.

[14] 杨旭，康素洁，颜香华. 幼儿园健康教育活动设计与指导 [M]. 长沙：湖南大学出版社，2018.

[15] 苟增强，刘建伟，罗萍，等. 幼儿园健康教育与活动指导 [M]. 北京：北京师范大学出版社，2017.

[16] 沈雪梅. 关爱与方法：幼儿行为观察案例分析 [M]. 上海：复旦大学出版社，2018.

［17］李玮，朱薇娜，张喆. 学前卫生学［M］. 2 版. 天津：南开大学出版社，2020.

［18］范惠静. 幼儿园优秀健康活动设计 80 例［M］. 北京：中国轻工业出版社，2021.

［19］黄姝. 保育员工作的 99 个问答［M］. 北京：语文出版社，2019.

［20］胡华. 幼儿园生活化课程——回归传统、自然与本真［M］. 北京：北京师范大学出版社，2019.

［21］关贤. 幼儿园安全健康主题课程（小班）［M］. 北京：教育科学出版社，2016.

［22］关贤. 幼儿园安全健康主题课程（中班）［M］. 北京：教育科学出版社，2016.

［23］关贤. 幼儿园安全健康主题课程（大班）［M］. 北京：教育科学出版社，2016.